Die meteorologische Ausbildung des Fliegers

Von

Dr. Franz Linke,

Professor an der Universität Frankfurt a. M.

Mit 37 Textabbildungen, 4 Wolkenbildern, 5 farbigen
Wetterkarten und 4 Tabellen.

2. umgearbeitete und vermehrte Auflage

München und Berlin 1917
Druck und Verlag von R. Oldenbourg

Vorwort.

Je mehr die Flugzeugkonstrukteure die technischen Schwierigkeiten des Fliegens überwinden, um so mehr empfinden die Flieger das Bedürfnis, die meteorlogischen Eigentümlichkeiten der Luft kennen zu lernen, um die von den Meteorlogen gefundenen Naturgesetze auf die Kunst des Fliegens anzuwenden und da, wo bestimmte Gesetze bisher noch fehlen, Anhaltspunkte zu haben, nach denen sie sich selbst meteorologische Fliegererfahrungen sammeln können.

Schon vielfach ist daher die Forderung aufgestellt worden, daß bei der Ausbildung der Flugschüler außer den rein technischen Fächern, wie Motorenkunde, Festigkeitslehre usw., die Meteorologie als unumgänglich notwendiges Lehrfach aufgenommen werde. Es ist daher sehr zu begrüßen, daß das Kuratorium der National-Flugspende, das als seine Hauptaufgabe die Ausbildung von Fliegern ansieht, sich nicht damit begnügt, die dazu notwendige körperliche Gewandtheit zu fordern, sondern auch eine gewisse Vorbildung in der Meteorologie.

Das vorliegende Lehrbuch, das im Auftrage des Kuratoriums herausgegeben wird, wendet sich in der Hauptsache an diejenigen, die auch das Kuratorinm als für die Flugausbildung am geeignetsten im Auge hat: junge, intelligente Leute mit Volks- und Mittelschulbildung, die eine gewisse technische Schulung haben.

Dementsprechend sind Fachausdrücke in möglichst geringer Zahl eingeführt und die Darlegungen in populärer Form gehalten worden, so daß die meisten Leser auch ohne Vorkenntnisse wohl keine Schwierigkeit finden werden.

Der Herausgeber hat sich mit dem Stoff auf das absolut Notwendige beschränkt. Allen denen, die das Bedürfnis haben, sich weiter in die Materie zu vertiefen, muß anheimgestellt werden, sich mit dem größeren Werk des Herausgebers zu beschäftigen, welches uuter dem Titel »Aeronautische Meteorologie« im gleichen Verlage erschienen ist.

Frankfurt a. M., April 1913.

Der Verfasser.

Vorwort zur zweiten Auflage.

Seit dem Erscheinen der ersten Auflage dieser Anleitung hat das Flugwesen ungeahnte Fortschritte gemacht und sich seinem natürlichen Ziele, vom Wetter unabhängig zu werden, merklich genähert. Dennoch wird der Flieger nach wie vor der meteorologischen Unterweisung bedürfen, besonders der Flugschüler, für den in erster Linie dieses Buch geschrieben ist. Ihm muß es erleichtert werden, schnell die meteorologischen Eigentümlichkeiten des Luftmeeres, das er beherrschen soll, kennen zu lernen, damit er nicht unvorhergesehenen atmosphärischen Störungen ratlos und unsicher gegenüber steht; ihm sollen hier Auskünfte gegeben werden auf die meteorologischen Fragen, die sich einem denkenden Flieger aufdrängen; er soll aber auch auf manche fernerliegende Eigenart des Luftzustandes hingewiesen werden, deren er sich gelegentlich zu seinem Vorteil bedienen kann.

Diese Überlegungen veranlaßten den Unterzeichneten, dem Ersuchen des Verlegers nachzukommen und die Anleitung neu zu bearbeiten, zumal auch die Aeronautische Meteorologie in der Zwischenzeit einige beachtenswerte Fortschritte in der Erkenntnis der inneren Kräfte des Windes und ihres Einflusses auf das Flugzeug gemacht hat. —

Es könnte sich zwar jemand auf den Standpunkt stellen, daß ein Flieger um so sicherer sein Steuer handhabe, je weniger er von den Gefahren des Luftmeeres wisse, und daß er durch zu weitgehende Beschäftigung mit der Wetterkunde den erforderlichen frischen Wagemut verlöre. Ebensogut könnte man auch einem Seemann raten, ohne Kenntnis von Wasser, Wind und Wellen in See zu gehen. — Zu dieser psychologischen Frage Stellung zu nehmen, kann jedenfalls nicht Aufgabe desjenigen sein, der die Beziehungen der Luftfahrt zur meteorologischen Wissenschaft studieren und fördern will.

Frankfurt a. M., November 1916.

Dr. Franz Linke.

Inhalt.

Kapitel I

Die meteorologischen Instrumente des Fliegers.

1. Luftdruck- und Höhenmessungen.

Die Messung des Luftdrucks ist von großer Wichtigkeit für den Flieger, weil sie dazu dient, die Höhe zu bestimmen. Der Luftdruck wird bekanntlich um so geringer, je höher man steigt. Hat man an zwei übereinanderliegenden Punkten den Luftdruck gemessen, so kann man den Höhenunterschied daraus berechnen.

Das zur Messung des Luftdrucks gebrauchte Instrument ist das Barometer. In seiner ursprünglichen Form ist es eine mit Quecksilber gefüllte, oben geschlossene, unten umgebogene Glasröhre, wie die Fig. 1 zeigt. Im geschlossenen Schenkel dieser Glasröhre A besteht über dem Quecksilber ein luftleerer Raum. Über dem offenen Schenkel B der Röhre lastet der Druck der darüberliegenden Luftsäule von gleichem Querschnitt, welcher in dem geschlossenen Schenkel A eine normalerweise 760 mm hohe Quecksilbersäule das Gleichgewicht hält. Man sagt dann, der Barometerstand sei 760 mm.

Steigt man mit diesem Barometer in die Höhe, so lastet auf dem offenen Schenkel B eine kürzere Luftsäule, weil ein Teil der Luft ja schon darunter liegt; also muß auch die Höhe der Quecksilbersäule A entsprechend abnehmen. Das macht in den untersten Luftschichten bei 10 bis 11 m Höhenunterschied 1 mm aus. In 5000 m Höhe, wo die Luft schon viel dünner und leichter geworden ist, muß man etwa 20 m Höhenunterschied auf 1 mm rechnen.

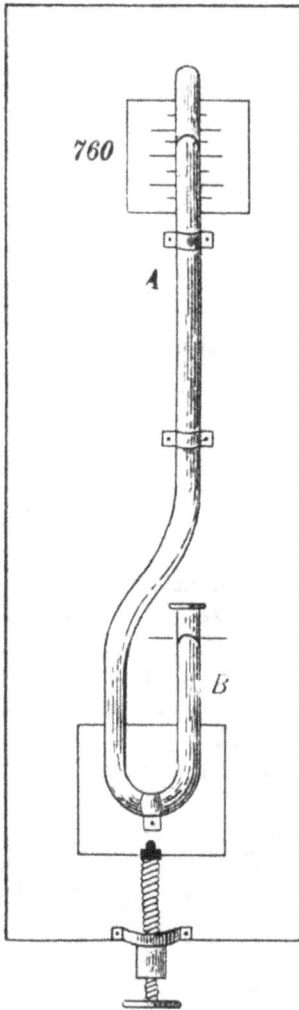

Fig. 1. Quecksilberbarometer.

Der normale Barometerstand in Mitteleuropa beträgt bei normaler Temperatur

in Meereshöhe . . . . . 760 mm
in 1000 m . . . . 673 mm
in 2000 m . . . . 595 mm
in 3000 m . . . . 525 mm
in 4000 m . . . . 461 mm
in 5000 m . . . . 404 mm
in 6000 m . . . . 353 mm
usw.

Er ist jedoch in kalter Luft in ein und derselben Höhe niedriger als bei warmer Luft, wie die Tabelle I des Anhanges zeigt. Aus einer solchen Tabelle kann man leicht die erreichte Höhe mit genügender Genauigkeit feststellen.

Wird größere Genauigkeit verlangt, so berechnet man den Höhenunterschied zweier Punkte nach Formeln. Es muß dann oben und unten zu gleicher Zeit der Barometerstand und die Lufttemperatur gemessen sein. Ist b_0 der obere Barometerstand, b_u der untere, t die mittlere Lufttemperatur, so ist der Höhenunterschied

$$h = 58,7 \cdot \frac{b_u - b_o}{b_u + b_o} (273 + t).$$

Beispiel: Beobachtet ist in Frankfurt a. M. (95 m Meereshöhe) der Luftdruck $b_u = 755$ mm und die Temperatur $t_u = 18^0$, im Flugzeug der Luftdruck $b_o = 672$ mm und die Temperatur 12^0; die Mitteltemperatur ist also 15^0 und $\frac{b_u - b_o}{b_u + b_o} = \frac{755 - 672}{755 + 672} = \frac{83}{1427}$. Dann ist $h = 58,7 \cdot \frac{83}{1427} \cdot 288 = 985$ m. Dazu kommt die Meereshöhe von Frankfurt a. M. von 95 m, so daß die Gesamthöhe des Flugzeuges 1080 m betrug.

Fig. 2 a. Dosenbarometer.

dünnt ist. Diese Dosen dehnen sich aus, wenn sie unter geringeren Luftdruck kommen, und ziehen sich zusammen, wenn der Luftdruck größer wird. Diese Bewegungen werden dann durch eine Hebelübersetzung auf einen Zeiger übertragen, der sich über einer Skala bewegt.

Gewöhnlich enthalten diese Aneroidbarometer noch eine Vorrichtung, um die augenblickliche Barometerstellung zu fixieren, z. B. um die größte Höhe, also den niedrigsten Barometerstand, der bei einem Fluge erreicht ist, festzuhalten.

Das soeben beschriebene Quecksilberbarometer ist das einzige Instrument für genaue Messungen; da es jedoch zu unhandlich ist, bedienen sich die Flieger ausnahmslos der Dosenbarometer (Aneroidbarometer), wie sie Fig. 2a und 2b zeigen. Sie bestehen aus einer geschlossenen Metalldose von ganz dünnem, meist gewelltem Metall, in denen die Luft ver-

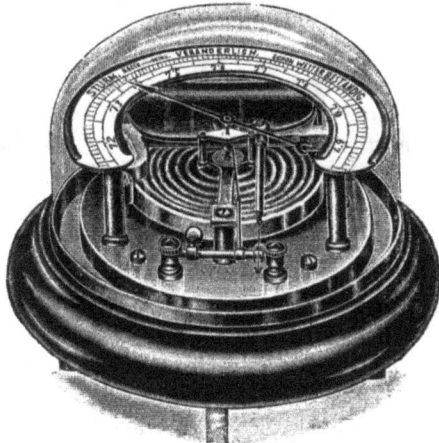

Fig. 2 b. Dosenbarometer geöffnet.

1*

Dann ist außer der Skala, auf welcher der Barometerstand angezeigt wird, gewöhnlich noch eine zweite Skala vorhanden, auf welcher man direkt die erreichte Höhe ablesen kann (s. Fig. 2 a). Diese Skala muß vor dem Fluge so eingestellt werden, daß der Zeiger auf 0 weist, sie ist deshalb verschiebbar. Man muß sich jedoch bewußt bleiben, daß diese Skala nur richtig ist, wenn eine mittlere Lufttemperatur von 0^0 herrscht, und daß zur sicheren Feststellung der erreichten Höhe auch die Temperatur der Luft bekannt sein müßte, wie aus Tabelle I des Anhanges hervorgeht, da kalte Luft schwerer ist als warme.

Fig. 3a. Barograph, geöffnet.

Die Einwirkung der Lufttemperatur hat zur Folge, daß man bei Lufttemperaturen über 0^0 in Wirklichkeit höher ist, als das Barometer anzeigt, bei Temperaturen unter 0^0 jedoch tiefer. Dieser Unterschied kann bei besonders heißem Wetter 10%, bei besonders kaltem vielleicht 6% betragen. Das führt bei Wettbewerben um die größte erreichte Höhe oder die größte Steiggeschwindigkeit bisweilen zu Meinungsverschiedenheiten, indem die eine Partei sich auf den Buchstaben der Ausschreibung stützt, worin eine bestimmte Höhe verlangt wird, die sie aus Luftdruck und Lufttemperatur berechnet, die andere sich an die Angabe des Barometers hält, wo unter Voraussetzung einer mittleren Lufttemperatur von 0^0 der Luftdruck in Höhe umgerechnet ist. Es ist wohl sachentsprechender, nach letzterer Methode zu verfahren, d. h. die (nachgeprüften und korrigierten) Barometerangaben zugrunde zu legen. Allerdings wird dadurch der Luftdruck an Stelle der Höhe gesetzt. Aber die Leistungen zweier Bewerber sind dadurch viel besser zu vergleichen, da zum Erreichen desselben Luftdruckes — auch bei verschiedenen Temperaturen — nahezu dieselben technischen und persönlichen Vorbedingungen zu erfüllen sind, nicht aber zur Erreichung derselben Höhe.

Gewöhnlich zeigen die Dosenbarometer kleine Abweichungen gegen ein Normalbarometer. Sie müssen deshalb, wenn man genaue Messungen haben will, z. B. bei Rekordflügen, unter einer Luftpumpe mit einem Normalbarometer verglichen werden.

Man darf jedoch die Genauigkeit der Höhenmessung mit Aneroidbarometer nicht überschätzen. Bis 1000 m Höhenunterschied kann der Fehler leicht 50 m, bei mehreren tausend Metern über 100 m betragen.

Nach schnellem Abstieg kann man häufig beobachten, daß der Zeiger des Barometers nach einem Fluge nicht ganz auf den

Fig. 3 b. Barograph.

Nullpunkt zurückkehrt, sondern einige Millimeter vorher stehenbleibent. Das ist die Folge der sog. »elastischen Nachwirkung« der Barometerdosen. Sie kann bis 5 mm (50 bis 60 m Höhendifferenz) betragen, je nach Geschwindigkeit des Abstiegs und nach der Güte des Barometers. Mit Recht pflegt man die Barometer als die besten zu bezeichnen, bei denen die elastische Nachwirkung am kleinsten ist. —

Um die Höhe eines Luftfahrzeuges dauernd aufzuzeichnen, bedient man sich eines registrierenden Barometers, eines sog. Barographen (s. Fig. 3 a und 3 b). Die Aneroiddose bewegt hier eine Schreibfeder, welche ihren Stand fortwährend auf einen

Papierstreifen aufzeichnet, der durch ein Uhrwerk weiterbewegt wird. Dieser Streifen ist bisweilen gleichzeitig in Millimeter Quecksilberhöhe und in Meter Meereshöhe eingeteilt. Man muß vor dem Aufstieg dafür sorgen, daß die Schreibfeder auf Null steht. Es

Fig. 4. Prüfung eines Barographen unter der Luftpumpe.

befindet sich stets eine Schraube am Barographen, welche eine solche Einstellung der Feder ermöglicht.

Auch diese Barographen bedürfen, wie die Dosenbarometer, von Zeit zu Zeit einer Prüfung unter der Luftpumpe. Das zu prüfende Instrument wird unter eine Glasglocke gebracht, welche luftdicht auf einem Glasteller steht. Dieser »Rezipient« ist einesteils mit der Luftpumpe, in der Fig. 4 eine Wasserstrahlluftpumpe, anderseits mit dem Prüfungsbarometer verbunden. Letzteres unterscheidet sich von einem gewöhnlichen Stationsbarometer nur dadurch, daß es bis zu niedrigen Luftdrucken ablesbar ist. Nun verringert man im Rezipienten den Luftdruck durch Auspumpen der Luft und beobachtet, ob das zu prüfende Dosenbarometer oder der Barograph die Druckverringerung richtig anzeigt. Die Unterschiede gegen die Angaben des Prüfungsbarometers werden dann als die Korrektionen bezeichnet.

Bei Überlandflügen ist es zweckmäßig, Barometer und Barograph vor dem Fluge nicht auf Null, sondern auf die Meereshöhe des betreffenden Abflugplatzes einzustellen, die man aus der Karte entnehmen kann oder durch Erkundigungen in Erfahrung bringen muß.

Für die Behandlung des vielfach benutzten G o e r z - Barographen sollen die zu beachtenden Grundsätze zusammengefaßt werden:

1. Zur Entfernung des Barographen aus seinem Gehäuse lege man den Zeige- und Mittelfinger der rechten Hand an den rechts am Barographen befindlichen Handgriff und drücke gleichzeitig mit dem Daumen derselben Hand auf den an der unteren Seite des Gehäusekastens befindlichen Druckknopf (vgl. Fig. 3 b). Ein gleichzeitiges Ziehen am Handgriff nach rechts löst den Apparat vom Kasten.

2. Um die Uhrtrommel T (Fig. 3 a) mit einem Registrierpapier zu versehen, schraube man die in ihrem oberen Hohlraum befindliche Kordelmutter von der Achse, hebe die ganze Trommel T vorsichtig nach oben ab und ziehe die Papierklemme K aus ihrem Einsteckschlitz. Alsdann lege man das Registrierpapier auf die Trommel und klemme es mittels der Papierklemme K fest. Hierbei ist besonders darauf zu achten, daß die untere Papierkante auf dem unteren Rand der Trommel aufsteht, ebenso daß das Papier sich glatt an die Trommel anlegt.

3. Man ziehe die Uhr auf mittels des im oberen Hohlraum der Trommel T befindlichen Schlüssels S durch Drehen in der Pfeilrichtung.

4. Nachdem man die Uhrtrommel T wieder auf die Führungsachse gesteckt und die Kordelmutter davor geschraubt hat, drehe man die Trommel von links nach rechts so weit herum, bis die Spitze der Schreibfeder F, welche durch Verschieben des Arretierungshebels H nach vorn gegen das Papier gelegt wurde, auf die richtige Zeit eingestellt ist. Es ist ratsam, die Feder nur mit einem kleinen Tropfen Tinte zu versehen. Durch ein geringes Verschieben der Feder auf dem Papier überzeuge man sich, ob die Feder schreibt. Um ein Schleudern des arretierten

Federarmes *A* und somit ein Ausspritzen der Tinte möglichst zu verhindern, ist für die arretierte Feder eine Gegenlagerung *L* angebracht.

5. Um ein gleichmäßiges Gleiten der Feder über die Papierfläche zu erzielen, kippe man den ganzen Barographen um ca. 45° nach vorn und stelle mittels der Regulierschraube Y den Schreibfederarm *R* so ein, daß die Schreibfederspitze das Papier eben berührt.

6. Die Einstellung der Schreibfeder *F* auf die untere Linie des Registrierpapieres, welche mit 0 bezeichnet ist, erfolgt durch Links- oder Rechtsdrehen des Kordelknopfes, welcher sich im unteren Hohlraum der Grundplatte befindet. Um Einstellfehler zu vermeiden, muß dabei der Barograph annähernd horizontal gehalten werden.

7. Zum Reinigen der Feder *F* benutzt man einen mit Alkohol oder destilliertem Wasser getränkten feinen Haarpinsel. Für diese Arbeit kann man die Schreibfeder *F* vom Arm *A* nach links abziehen. Nach dem Säubern muß die Feder wieder bis zum Anschlag aufgesteckt werden.

8. Zum Zwecke einer Dämpfung der Vibrationen, hervorgerufen durch Stöße des Flugzeugmotors, ist eine Aufhängung mittels bester Paragummischnüre erforderlich. Um eine gute Registrierkurve zu erzielen, muß diese Aufhängung immer in gutem Zustande sein.

9. Zur Plombierung des fertigmontierten Barographen befindet sich an der mit dem Handgriff versehenen Seite eine herausstehende Plombenöse *P* (s. obere Fig. 3 b) am Gehäuse.

Nach dem Fluge ist folgendermaßen zu verfahren:

1. Feder durch den Schalter *H* vom Papier abheben, so daß sie nicht mehr schreibt; 2. das beschriebene Registrierpapier (Barogramm) von der Trommel abnehmen und mit einem Löschpapier ablöschen; 3. Datum, Name des Fliegers und sonstige Notizen auf das Barogramm schreiben.

Messung der Änderung des Luftdrucks.

Außer der absoluten Höhe ist noch die Geschwindigkeit der Höhenänderung, also die Geschwindigkeit des Steigens und Fallens eines Flugzeuges für den Flieger von Interesse. Hierzu bedient man sich des Statoskops oder des Variometers.

Die Wirkung beider beruht darauf, daß ein in einem Gefäß abgeschlossenes Luftquantum, welches vor Temperaturänderungen möglichst geschützt wird, mit der Außenluft durch ein Flüssigkeitsmanometer oder eine Aneroiddose in Verbindung steht. Beim Steigen kommt der Apparat in geringeren Luftdruck, das abgeschlossene Luftquantum dehnt sich aus und drückt auf das Flüssigkeitsmanometer, wobei man den Druck direkt ablesen kann, oder auf eine Aneroiddose, welche dann ähnlich wie beim Barometer einen Zeiger in Bewegung setzt. Da nun aber diese Bewegung des Manometers oder des Zeigers fortwährend andauern würde, solange das Luftquantum ab-geschlossen ist, gibt man dem Gefäße noch eine zweite Öffnung, welche durch einen Druck auf einen Knopf oder das Zusammenpressen eines Gummischlau-ches mit der Hand geschlossen werden kann. Sobald die Luft aus dieser zweiten Öffnung austreten kann, wird natürlich kein Überdruck am Zeiger bemerkbar. Schließt man diese Öffnung jedoch, so kann man an der Richtung der Bewegung des Zeigers oder Mano-meters ersehen, ob man steigt oder fällt, und kann auch aus der Geschwindigkeit der Reaktion die Geschwindigkeit des Steigens und Fallens schätzen. Dies ist das Prinzip des Statoskops, wie es die Fig. 5 anzeigt.

Eine erhebliche Verbesserung brachte das jetzt sehr verbreitete Variometer, welches Prof. A. Bestelmeyer kon-struierte (Fig. 6). Die zweite Ver-bindung des abgeschlossenen Luft-quantums mit der Außenluft erfolgt

Fig. 5. Statoskop.

hier durch ein ganz feines Glasröhrchen (sog. Kapillarrohr). Jede Luftdruckdifferenz, welche zwischen innen und außen auftritt, gleicht sich infolgedessen nach einer gewissen Zeit wieder aus; wird aber ein Luftdruckunterschied zwischen innen und außen durch dauerndes Steigen oder Fallen erhalten, so zeigt sich am Flüssigkeits-manometer fortwährend eine geringe Verschiebung, bis das Steigen und Fallen aufhört und der völlige Ausgleich durch das Kapillar-rohr eintreten kann. Dieses Variometer erfordert aber eine sorg-fältige Behandlung. In sein Manometer gelangen leicht Luft-blasen, welche man dadurch am besten und einfachsten wieder herausbringt, daß man den beigegebenen Gummiball langsam ausdrückt, und zwar so langsam, daß die Flüssigkeit im Mano-

meter ihren Stand nur wenig verändert. Läßt man nach einiger
Zeit den Gummiball schnell los, so sammelt sich alle Flüssigkeit
in der oberen Glaskugel des Manometers an und fließt ruhig und
ohne Blasen in das Röhrchen zurück. Bisweilen hat man diese
einfache Manipulation einige Male zu wiederholen. Sie ist zugleich eine sichere Gewähr dafür, daß das Variometer in Ordnung

Fig. 6. Bestelmeyersches Variometer.

ist. Gelingt das langsame Ausdrücken des Gummiballs z. B. nicht,
ohne daß die Flüssigkeit aus dem Manometer getrieben wird, so
ist entweder die Kapillarröhre oder eine andere Glasröhre ver-
stopft; reagiert anderseits aber die Flüssigkeit im Manometer gar
nicht auf einen Druck am Gummiball, so ist das Luftquantum
nicht luftdicht abgeschlossen. Die Reparatur des Instrumentes
kann in jedem Falle auch während des Fluges leicht vorgenommen
werden.

Dem Bestelmeyerschen Variometer hat Prof. Precht eine
etwas praktischere Form gegeben. Die Atmoswerke in Breslau
benutzen als Manometer eine Aneroiddose.

2. Windmessungen.

Wind ist bewegte Luft. Zur genauen Kenntnis des Windes gehört die Bestimmung der Richtung, aus der er kommt, sowie seine horizontale und vertikale Geschwindigkeit. Zur Messung der horizontalen Geschwindigkeit wurden in der Meteorologie bis vor kurzem nur die Schalenkreuzanemometer verwandt, wie es leicht halbe n Wöl-

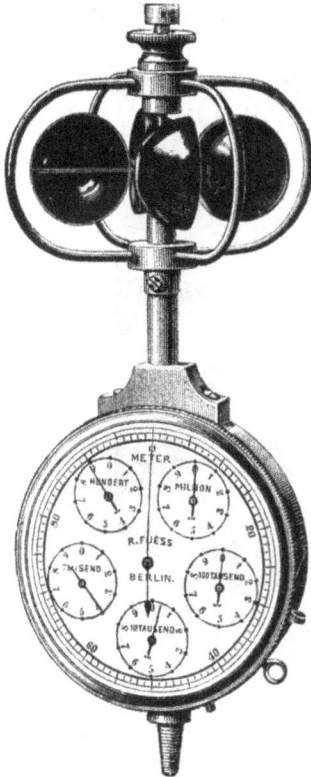

Fig. 7.
Schalenkreuzanemometer.

Fig. 8.
Anemotachometer.

bungen alle nach der Drehrichtung zeigen. Dem Winde stehen also immer von der einen Hälfte der Schalen die gewölbten, von der anderen Hälfte die hohlen Seiten gegenüber. Da nun der Winddruck auf die hohlen Seiten größer ist, dreht sich das ganze System stets in der einen Richtung, von welcher Seite auch der Wind kommen mag.

Diese Apparate zeigen nicht direkt die Geschwindigkeit an, sondern nur den Weg, den die Luft zurückgelegt hat, und zwar dadurch, daß die Achse des Schalenkreuzes direkt mit einem Zeiger verbunden ist, auf dem man den Windweg ablesen kann Um die Windgeschwindigkeit zu bestimmen, muß man gleichzeitig an einer Stoppuhr die Zeit zwischen zwei Ablesungen des Anemometers beobachten. Stehen die Zeiger des Anemometers

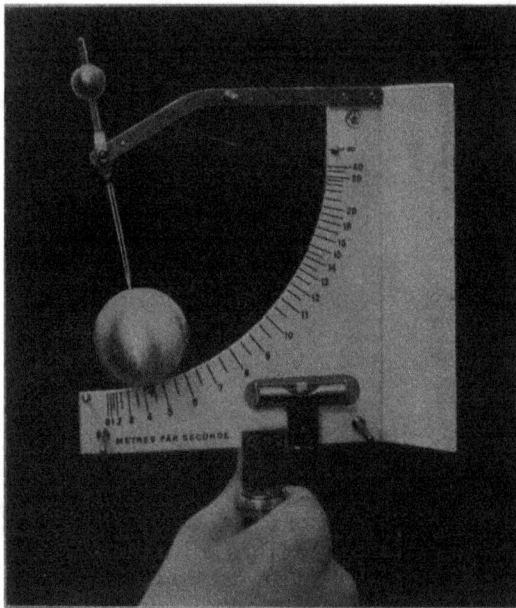

Fig. 9. Pendelanemometer.

bei Beginn der Messung auf 1230 und nach 10 Sekunden auf 1350, so hat der Wind in 10 Sekunden 120 m zurückgelegt, in der Sekunde also 12 m. Viele Apparate sind so eingerichtet, daß man sie bei Beginn der Messung auf Null stellen kann, wodurch die Rechnung mit großen Zahlen vermieden wird.

Seit einigen Jahren bringt die Firma Wilhelm Morell in Leipzig einen Apparat in den Handel, der die lästige Zeitbeobachtung bei der Messung der Windgeschwindigkeit vermeidet. Der in

Fig. 8 abgebildete Apparat heißt »Anemotachometer«. Er ist genau wie die Tachometer konstruiert, mit denen die Geschwindigkeit von Automobilen oder die Umdrehungszahl des Propellers bestimmt wird. Hierbei setzt die rotierende Achse des Schalenkreuzes ein Zentrifugalpendel in Bewegung, das mit dem Zeiger in Verbindung steht. An einem solchen Apparat kann man also unmittelbar die Windgeschwindigkeit in Meter pro Sekunde ablesen.

Von französischen Fabrikanten zuerst wurde ein anderes einfaches Instrument in den Handel gebracht, das allerdings nicht auf dieselbe Genauigkeit Anspruch machen kann, das aber für die vorläufige Orientierung gute Dienste leisten kann. Es ist das auf Fig. 9 abgebildete Pendelanemometer. Hier bewirkt der Druck des Windes auf eine leichte Kugel, die leicht beweglich aufgehängt ist, einen Ausschlag, der der herrschenden Windgeschwindigkeit entspricht. Bei Beobachtung muß man darauf achten, daß das Instrument genau senkrecht gehalten wird. Hierzu ist meist eine Libelle am Apparat angebracht.

Jetzt werden aber eine Reihe von Apparaten konstruiert, welche die Windgeschwindigkeit auf eine ganz andere Art feststellen sollen, nämlich mit Hilfe von Röhren, die mit einer Öffnung dem Winde entgegengestellt werden und in denen die Luft angestaut wird. Man bezeichnet sie deshalb mit Stauröhren. Der erhöhte Luftdruck in der Röhre wird entweder durch Flüssigkeitsmanometer gemessen, oder aber durch Aneroiddosen, wie sie schon im vorigen Abschnitt geschildert wurden. Bezeichnet h den am Manometer abgelesenen Druck der durch den Wind angestauten Luft in mm Quecksilberhöhe, v die Windgeschwindigkeit in m pro Sek. und L das Gewicht eines Kubikmeters Luft in kg (bei 760 mm Druck und 0^0 Temperatur ist $L = 1{,}293$ kg), so besteht die Formel

$$h = f \cdot \frac{L}{2\,g} \cdot v^2,$$

wobei g die Schwerebeschleunigung 9,81 ist und f eine von der äußeren Form der Stauröhre abhängige Konstante, die durch Vergleich mit anderen Apparaten bestimmt werden muß. Bei den älteren »Stauscheiben« ist $f = 3$ bis 4, bei modernen guten Stauröhren sinkt f bis auf 1 herab. Die Windgeschwindigkeit v ist also an der Erde bei guten Stauröhren etwa $3 \cdot \sqrt{h}$, in 5500 m jedoch, wo das Kubikmeter Luft etwa noch die Hälfte wiegt, wird $v = 4 \cdot \sqrt{h}$. Zur genauen Berechnung der Geschwindigkeit aus dem an einem Manometer abgelesenen Staudruck dient die Tabelle IV am Schlusse des Buches. Es empfiehlt sich hiernach, eine graphische Darstellung anzufertigen und am Manometer zu befestigen. Fig. 10 zeigt eine von den besten Stauröhren, die

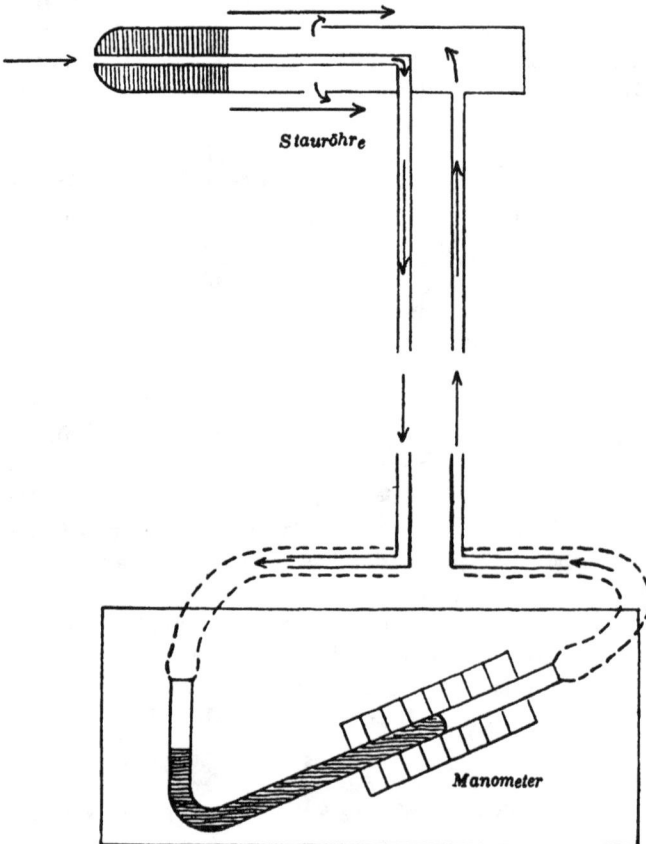

Fig. 10. Prandtlsche Stauröhre.

von Prof. Prandtl angegebene Form. Hier wird nicht nur in der dem Winde entgegenstehenden Röhre ein Druck ausgeübt, sondern die an der Stauröhre vorüberfließende Luft saugt an einer kreisförmigen Öffnung, welche zu einer um die eigentliche Stauröhre herumliegenden äußeren Röhre führt. Die beiden Enden der inneren und der äußeren Röhre werden durch Schläuche oder Messingröhren mit den beiden Seiten des Manometers verbunden, wodurch dessen Ausschläge vergrößert werden.

Diese Stauröhren haben gegenüber den Rotationsanemometern, wie sie Fig. 7 und 8 anzeigen, den Vorzug, daß sie die Windgeschwindigkeit in jedem einzelnen Augenblick anzeigen und daher auch die kleinsten Schwankungen der Windgeschwindigkeit angeben können. In der Zukunft werden sich diese Stauröhrenanemometer wohl immer mehr einbürgern.

Man kann nun natürlich solche Windmesser, wie sie soeben beschrieben sind, auch im Flugzeug selbst anbringen. Dann zeigen die Apparate — richtig eingebaut — die Geschwindigkeit an, mit welcher der Apparat fliegt, die »Eigengeschwindigkeit«. Man muß ja bei einem in der Luft befindlichen Flugzeug zwischen der »Eigengeschwindigkeit« und der »Reisegeschwindigkeit« unterscheiden. Eigengeschwindigkeit ist die durch die Propellerwirkung hervorgebrachte Geschwindigkeit relativ zur umgebenden Luft. Von ihr ist die Tragfähigkeit des Flugzeugs abhängig, insofern als bei demselben Flugzeug vergrößerte Eigengeschwindigkeit auch vergrößerte Tragfähigkeit bedeutet und umgekehrt. Wenn nun die Luft selbst noch eine gewisse Geschwindigkeit besitzt, was wir Wind nennen, so wird die Geschwindigkeit des Flugzeuges größer oder kleiner, je nachdem es mit dem Wind oder gegen ihn fliegt. Diese resultierende Geschwindigkeit — gegenüber der Erde gerechnet — nennen wir Reisegeschwindigkeit. Hat man den Wind genau im Rücken, so ist die Reisegeschwindigkeit gleich der Summe von Eigengeschwindigkeit und Windgeschwindigkeit; fährt man genau gegen den Wind an, so ist die Reisegeschwindigkeit gleich der Differenz der beiden. Bei Seitenwind berechnet sich die Reisegeschwindigkeit nach dem sog. »Kräftedreieck« (siehe S. 35 u. f.).

Es ist nützlich, während des Fliegens stets ein Anemometer vor Augen zu haben, um die Eigengeschwindigkeit in gleicher Weise kontrollieren zu können, wie man die Umdrehungsgeschwindigkeit des Propellers durch ein Tachometer verfolgt. Besonders bei Gleitflügen ist die Kenntnis der Eigengeschwindigkeit von Wichtigkeit, da man dann an der Angabe des Anemometers die Kontrolle hat, ob man den Gleitflug auch nicht zu flach oder zu steil ausführt. Für jedes Flugzeug gibt es ja eine minimale und eine maximale Gleitfluggeschwindigkeit die nicht überschritten werden darf. Schwankungen der Fluggeschwindigkeit sind in der Regel nämlich solange die Umdrehungszahl des Propellers dieselbe bleibt, auf Windschwankungen zurückzuführen, die in Form von Böen, Wirbeln oder sog. Luftlöchern das Fliegen erschweren.

Für Flugplätze empfiehlt sich die Anlage eines registrierenden Windmessers nach dem Prinzip der Stauröhre. Solche Apparate werden von den Hamburger Werkstätten für Präzisionsmechanik und Maschinenbau sowie von der bewährten Firma R. Fueß in Steglitz bei Berlin verfertigt: Dem Winde sind eine durch eine Windfahne gerichtete Stauröhre und eine Saugvorrichtung ausgesetzt. Beide sind durch Röhrenleitungen e und f mit dem Registrierapparat verbunden, der im wesentlichen aus einer Taucherglocke c besteht (s. Fig. 11). Das ist eine oben geschlossene, mit dem unteren Teile in Wasser getauchte Röhre. In den unter Wasser abgeschlossenen Luftraum führt die Druckleitung f der Stauröhre. Um die Saugleitung auszunutzen, ist das Wassergefäß d, in dem die Taucherglocke schwimmt, oben verschlossen und der über dem Wasser befindliche Luftraum mit der Saugleitung e verbunden. So bewirkt erhöhter Druck in der Stauleitung und erhöhter Sog in der Saugleitung gleichermaßen eine Hebung der Taucherglocke. Diese Bewegungen werden durch einen Schreibstift auf einer Registriertrommel aufgezeichnet. Beim Fueß'schen Windmesser geschieht dies in der Art,

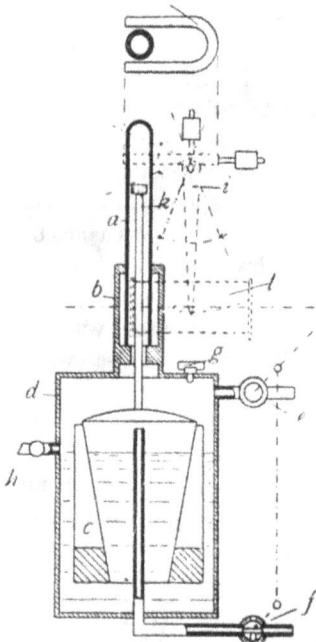

Fig. 11. Einrichtung des Wind-Registrierapparates.

daß mit der Taucherglocke ein Eisenstückchen k verbunden ist, eingeschlossen in eine Glasröhre a, doch ohne daß die Bewegungen der Taucherglocke gehemmt werden. Das Eisenstückchen nimmt nun bei seinen Bewegungen einen Magneten o, an dem der Schreibstift i befestigt ist, mit. Letzterer schreibt also die Bewegungen der Taucherglocke, somit also die Windschwankungen auf dem Registrierpapier l auf. (S. auch Fig. 28 und S. 29.) —

Es ist jedoch von Wichtigkeit, die Windgeschwindigkeit nicht nur am Erdboden zu messen, sondern schon vor dem Fluge zu wissen, welche Geschwindigkeiten in verschiedenen Höhen herrschen. Das ist möglich mit Hilfe des Pilotballones.

Ein Gummiballon, der mit Wasserstoff gefüllt ist und mit einem bestimmten Auftrieb losgelassen wird, steigt mit ziemlich gleichbleibender Geschwindigkeit in die Höhe, bis er platzt. Aus nachstehender Tabelle kann man sehen, mit welchem Auftrieb man Gummiballone von bestimmtem Gewicht loslassen muß, um eine Aufstiegsgeschwindigkeit von 100, 150, 200 oder 250 m pro Minute zu bekommen. (Zum bequemen Füllen und Abmessen des Auftriebs hat die Firma Hartmann & Braun in Frankfurt a. M. einen sehr handlichen Füllschlauch konstruiert.)

Auftrieb eines Pilotballons.

Gewicht des leeren Ballones	Aufstiegsgeschwindigkeit pro Minute			
	100	150	200	250 m
20 g	27	79	172	305 g
30	31	85	177	308
40	35	91	183	310
50	38	96	187	312
60	42	101	191	315
70	44	105	195	317
80	47	108	198	319
90	49	111	201	321
100	51	114	203	322
110	52	116	205	324
120	53	118	207	326

Beispiel: Hat man einen Ballon von 70 g Gewicht (in leerem Zustande), so muß man ihn so lange mit Wasserstoff füllen, bis er ein Gewicht von 195 g trägt. Dann steigt er mit einer Geschwindigkeit von 200 m pro Minute in die Höhe. Bei Leuchtpiloten muß natürlich Lampe und Element mit zum Gewicht des leeren Ballones gerechnet werden.

Ein so losgelassener Gummiballon wird natürlich vom Winde abgetrieben und entfernt sich allmählich von der Stelle, wo man ihn aufgelassen hat. Verfolgt man ihn jedoch mit einem Theodolithen (Fig. 12) und mißt den Winkel i, um welche die Fernrohrachse gegen die Horizontale geneigt ist, so kann man aus der Höhe h (s. Fig. 13), die man ja kennt (beispielsweise sind es nach

einer Minute 150 m, nach 2 Minuten 300 m, nach 3 Minuten
450 m usf.) die Entfernung des Ballones berechnen, indem man

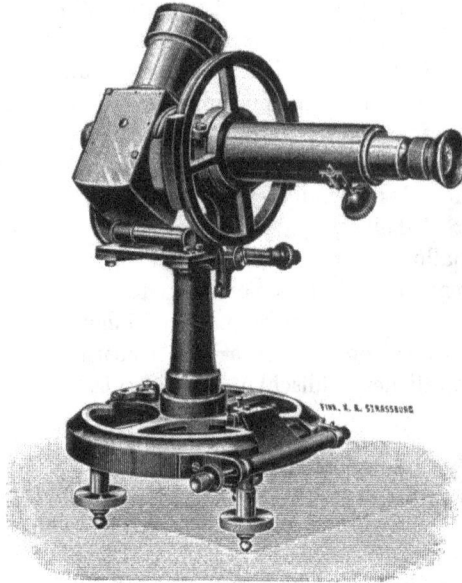

Fig. 12, Pilotballtheodolith.

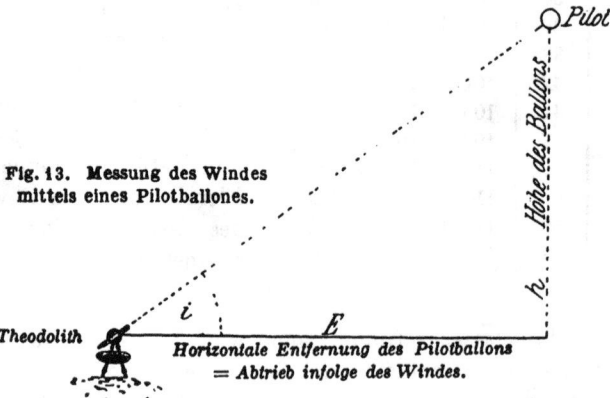

Fig. 13. Messung des Windes
mittels eines Pilotballones.

die Höhe mit dem »Kotangens« des beobachteten Winkels i multi-
pliziert. Das geschieht am einfachsten mit einem Rechenschieber.

Den betreffenden Wert des Kotangens kann man aus der Tabelle III am Schluß des Buches entnehmen. Außer dem Winkel wird in jeder Minute noch die Himmelsrichtung in Winkelgraden am Theodolithen abgelesen, wozu man die Nordrichtung mit Hilfe eines Kompasses vorher festlegen muß.

Eine Beobachtung sieht also so aus:

Beobachtungsprotokoll.

Datum: 14. Oktober 1910.   Ort: Frankfurt a. M.   Aufstiegsgeschw. 150 m/min.   Beobachter: N. N.   Südpunkt: 180,0 °.

Zeit	Höhe des Ballons	Höhen- winkel	Berechnete Entfernung des Ballones	Himmels- richtung
11ʰ 24 V.	0 m	—	0 m	ab nach NO
25	150	16,5 °	510	26,9 °
26	300	15,1	1110	30,5
27	450	16,0	1570	34,2
28	600	16,0	2090	37,2
29	750	16,6	2520	40,5
30	900	16,0	3140	46,5
31	1050	15,3	3840	51,3
32	1200	16,0	4190	53,9
33	1350	16,3	4610	54,7
34	1500	17,1	4880	56,7
35	1650	18,2	5010	59,4
36	1800	19,0	5230	60,4
37	2050	19,5	5510	60,0
38	2100	20,0	5770	60,0
39	2250	20,5	6010	60,0
40	2400	21,0	6250	59,6
41	2550	21,6	6450	58,8

41 $^1/_2$ Ballon in Wolken verschwunden (Wolkenhöhe ca. 2600 m).

Die stark umränderte Kolonne ist während der Beobachtung sogleich mittels Rechenschieber berechnet worden.

Nun nimmt man einen Transporteur und legt ihn auf Milli- meterpapier, wie es die Fig. 14 zeigt, und zwar so, daß der Mittel- punkt des Transporteurs genau auf dem Schnittpunkt zweier stark gezeichneter Zentimeterstriche liegt und 0 °, 90 °, 180 ° und

2*

270° genau in die Linienführung des Papiers fallen. Man bezeichnet dann:

0 mit N   180 mit S

90 mit O   270 mit W

und stellt nun nacheinander für jede Beobachtung, die genau von Minute zu Minute erfolgt sind, den Transporteur auf die be-

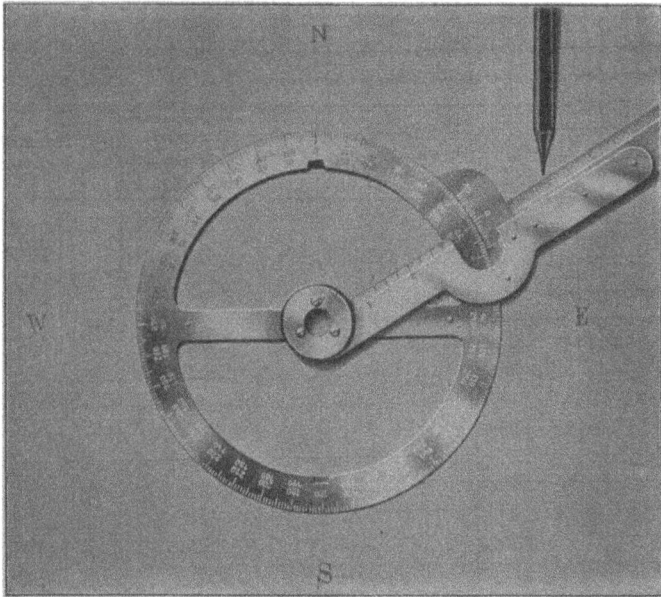

Fig. 14. Auswertung einer Pilot-Beobachtung mittels eines Transporteurs.

obachtete Himmelsrichtung ein: In der Fig. 14 ist es 59,4°. Dann trägt man die dazugehörige berechnete horizontale Entfernung des Ballones mit dem Lineal ab: In der Figur ist es 5010 m. Ein feiner Punkt bezeichnet also den auf die Ebene projizierten Ort des Ballones in diesem Augenblick auf dem Papier, und so werden nacheinander alle Beobachtungen eingetragen und miteinander verbunden. Es entsteht so die Projektion der Flugbahn des Ballones auf die Horizontalebene in verkleinertem Maßstabe. Neben die einzelnen Punkte schreibt man die Höhen, welche der Ballon gehabt hat, so wie es in vorstehender Fig. 15 der Fall ist. Sie zeigt die Flugbahn von oben gesehen, also nur die durch den Wind verursachten horizontalen Versetzungen des Pilotballones.

Jetzt kann man mit Hilfe eines Lineals ohne weiteres ab-messen, wieviel Meter der Ballon in einer bestimmten Höhe in der Minute zurückgelegt hat. Die Umrechnung in km pro Stunde oder in m pro Sec. ergibt sich dann aus der Tabelle II am Schlusse dieses Buches. Auch die Richtung, welche der Ballon in großen Höhen angenommen hat, ergibt sich aus der gegebenen Figur, jedoch muß man sie richtig ablesen können und darauf achten,

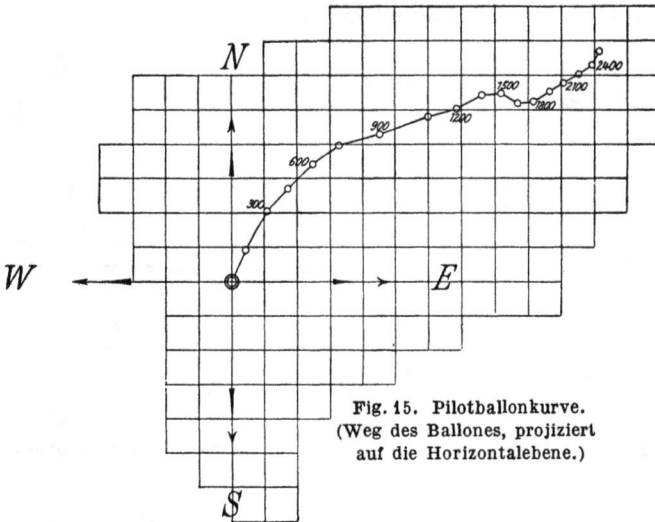

Fig. 15. Pilotballonkurve.
(Weg des Ballones, projiziert
auf die Horizontalebene.)

daß jetzt alle von rechts nach links gehenden Kurven Ostwind, alle von oben nach unten gezogenen Striche Nordwind anzeigen. Dieser Hinweis dürfte vollkommen genügen, um den Beobachter vor Irrtümern zu bewahren (s. Fig. 15).

Zum Zweck bequemeren Auswertens der Pilotballonbeobach-tungen ist jetzt das von der Firma W. Ludolph G. m. b. H. in Bremerhaven konstruierte Ludolphsche Auswertungsinstru-ment sehr verbreitet. Es ermöglicht die Auswertung des Pilot-aufstiegs ohne jede Rechnung: Zwei Lineale R und H bilden die Schenkel eines Winkels; das eine — untere — Lineal R besitzt einen Schlitten mit einem dritten Lineal Z, das eine Teilung trägt. Macht man den Winkel zwischen den ersten beiden Linealen gleich dem Höhenwinkel i (Fig. 13) und schiebt den Schlitten so weit an den Schnittpunkt der Lineale heran, daß diejenige Zahl, die der Anzahl der seit dem Aufstieg des Ballones verflossenen Minuten entspricht, genau mit dem oberen Lineal abschneidet, so ist — wie aus einem Vergleiche von Fig. 13 mit Fig. 16 leicht ersichtlich — die Länge des unteren Lineales vom Drehpunkt bis zum Fußpunkt des Schlittens D gleich dem horizontalen Abtrieb in der verflossenen Zeit.

Die Konstruktion dieser gesuchten Strecke wird gleich auf einer Kreisteilung vorgenommen, in deren Mittelpunkt der Drehpunkt der beiden Lineale gelegt wird. Dabei wird das ganze Aus-

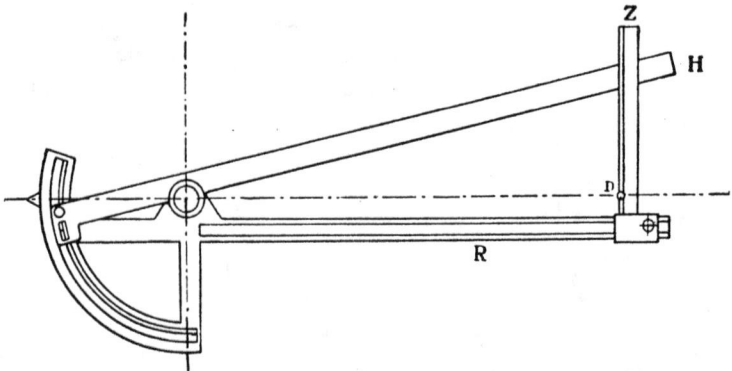

Fig. 16. Ludolphsches Auswertungsinstrument für Pilotbeobachtungen.

wertungsinstrument so aufgelegt, daß das untere Hauptlineal R, das den Schlitten trägt, in der richtigen Himmelsrichtung liegt. Mittels einer Marke (links) kann man den richtigen Azimuthwinkel einstellen. So entsteht auf dem Papier für jede — von Minute zu Minute erfolgende — Ablesung ein Punkt, wie schon soeben geschildert. Die weitere Auswertung der Geschwindigkeit in m pro Sek. geschieht mit einem beigegebenen Doppellineal mit vier verschiedenen Teilungen, je nach der benutzten Steiggeschwindigkeit des Pilotballones. —

Wenn man keine Apparate für die Windmessung zur Hand hat, gibt es noch eine weitere Möglichkeit, die Windstärke zu ermitteln, nämlich durch die Schätzung der Windstärke nach der Beaufort-Skala, die in folgender Tabelle wiedergegeben ist.

Die Beaufort-Skala der Windstärke.

Windstärke nach Beaufort	Bezeichnung	Wind-geschwindig-keit m pro Sek.[1]	Bezeichnung
0	Windstille	0	Vollkommene Windstille.
1	sehr leicht	1,7	Der Rauch steigt fast gerade empor.
2	leicht	3,1	Für das Gefühl eben bemerkbar.
3	schwach	4,8	Bewegt einen leichten Wimpel, auch die Blätter der Bäume.
4	mäßig	6,7	Streckt einen Wimpel, bewegt kleine Zweige der Bäume.
5	frisch	8,8	Bewegt größere Zweige, wird für das Gefühl schon unangenehm.
6	stark	10,7	Wird an Häusern und anderen festen Gegenständen hörbar, bewegt große Zweige der Bäume.
7	steif	12,9	Bewegt schwächere Baumstämme, wirft auf stehendem Wasser Wellen auf, welch oben überstürzen.
8	stürmisch	15,4	Ganze Bäume werden bewegt; ein gegen den Wind schreitender Mensch wird merklich aufgehalten.
9	Sturm	18,0	Leichtere Gegenstände, wie Dach-ziegeln etc. werden aus ihrer Lage gebracht.
10	starker Sturm	21,0	Bäume werden umgeworfen.
11	schwerer Sturm	ca. 25	Zerstörende Wirkungen schwerer Art.
12	Orkan	ca. 30	Verwüstende Wirkungen.

[1]) Nach Koeppen.

Als rohe Annäherung kann man im Kopf behalten, daß die Windgeschwindigkeit etwa doppelt so groß ist wie die Angabe in Beaufort-Skala, vermindert um 1 m.

Sehr bald gewöhnt man sich daran, die Windstärke richtig einzuschätzen. Daraus kann man denn wieder die Windgeschwindigkeit einigermaßen genau bestimmen.

Obgleich die hier aufgeführten Apparate und Meßmethoden ermöglichen, die Eigengeschwindigkeit eines Flugzeuges, frei vom Einfluß des Windes festzustellen, besteht doch in der Praxis die Notwendigkeit, mit einfacheren Mitteln diese für die Tauglichkeit eines Flugzeugs wichtigste Eigenschaft bestimmen zu können.

Bei völlig windstillem Wetter ist das ja ganz einfach: Man braucht nur eine auf der Landkarte festgelegte und abgemessene Strecke einige Male abzufliegen und die gesamte durchflogene Strecke durch die dazu gebrauchte Zeitdauer zu dividieren. Aber solch windstilles Wetter ist äußerst selten. Man hilft sich bei schwachem Winde gewöhnlich dadurch, daß man die abzufliegende Strecke genau in der Windrichtung festlegt und sie gleich häufig mit und gegen den Wind durchfliegt. Diese Methode gibt aber etwas zu geringe Werte für die Eigengeschwindigkeit, wie man schon ermessen kann, wenn man bedenkt, daß der Flieger jedesmal längere Zeit braucht um die Strecke gegen den Wind zu durchfliegen als umgekehrt, und daß er deshalb in der größten Hälfte der Gesamtflugdauer mit der durch Gegenwind verringerten Geschwindigkeit fliegt. Richtig verfährt man daher so, daß man sich nicht mit der Feststellung der Gesamtflugdauer begnügt, sondern jedesmal am Anfang und Ende der abgesteckten Flugstrecke die Zeit feststellt.

Ein Beispiel möge das erklären: Man habe genau in der Windrichtung die Strecke AB in Länge von 12 km festgelegt. Mehrmaliges Durchfliegen zeigt, daß das Flugzeug von A nach B in 304 Sekunden und von B nach A in 399 Sekunden fliegt. Dann hat es von A nach B 39,5 m pro Sek. und von B nach A 30,1 m pro Sek. Geschwindigkeit gehabt. Seine Eigengeschwindigkeit ist das arithmetische Mittel, nämlich 34,8 m pro Sek., die Differenz 9,4 in der Sek. ist die doppelte Windgeschwindigkeit. Hätte man nach der vielfach üblichen Methode nur die Gesamtflugdauer vom Abflug bis zur Landung gemessen, so würde man 24 km Strecke und 696 Sek. Flugdauer gehabt, also die Eigengeschwindigkeit zu 34,5 m pro Sek. berechnet haben. Bei schwachem Winde ist also der Fehler nicht allzu groß.

Will man ganz unabhängig von Windrichtung und Windgeschwindigkeit durch Abfliegen einer bekannten Strecke die Eigengeschwindigkeit feststellen, so muß man nach folgender Formel rechnen:

$$v = \frac{s}{2} \cdot \frac{t_2^2 - t_1^2}{t_1 \cdot t_2} \cdot \frac{1}{t_1 \cos \alpha_2 - t_2 \cos \alpha_1},$$

wo s die festgelegte Strecke in m, t_1 die auf dem Hinweg und t_2 die auf dem Rückweg gebrauchte Zeit, α_1 und α_2 die Steuerwinkel auf Hin- und Rückweg sind, also diejenige Winkel, um die man das Flugzeug gegen den Wind halten mußte, um genau auf der festgelegten Strecke zu bleiben.

Man kann aber auch die folgende abgekürzte Formel benutzen, wo a der mittlere Steuerwinkel als Hin- uhd Rückweg, abgelesen am Kompaß, ist:

$$v = \frac{s}{2} \cdot \frac{t_1 + t_2}{t_1 \cdot t_2} \cdot \frac{1}{\cos a}.$$

3. Messungen der Temperatur und Feuchtigkeit.

Bei fortschreitender Entwicklung des Flugwesens wird es sich als wichtig erweisen, auch die Temperatur und Feuchtigkeit der durchflogenen Schichten dauernd zu verfolgen, weil insbesondere von der Art, wie sich diese beiden wichtigen Elemente mit der Höhe verändern, der Gleichgewichtszustand der Luft bedingt wird.

Zu diesem Zwecke gibt es kleine Registrierapparate, welche den Luftdruck, die Temperatur und die Feuchtigkeit in ähnlicher Weise aufschreiben, wie wir es beim Barographen schon kennengelernt haben. Der Luftdruck wird wieder durch eine Aneroiddose angezeigt. Die Temperatur gewöhnlich durch ein Bimetallthermometer; das sind zwei gekrümmte, aneinander gelötete Metallstreifen von verschiedener Wärmeausdehnung, z. B. Eisen und Kupfer, deren Krümmung sich bei verschiedener Temperatur ändert. Die Feuchtigkeit wird mittels eines Haares oder eines Haarbüschels aufgezeichnet, die bei größerer Feuchtigkeit länger werden und bei geringerer Feuchtigkeit sich verkürzen.

Solche Apparate nennt man Meteorographen. Ein für Flugzeuge bestimmter Apparat ist von Professor R. Aßmann gebaut. Aus ihren Registrierungen kann man den Gleichgewichtszustand der Luft abschätzen; man kann sofort erkennen, wenn man plötzlich in eine warme, trockene Luftschicht gekommen ist, an deren unteren Grenze sich häufig sprungweise Änderungen des Windes befinden, welche die Tragfähigkeit und die Stabilität des schnell hindurchfahrenden Flugzeuges — z. B. bei einem steilen Abstieg — verändern können. Wir werden sehen, daß sich gerade an solchen Stellen die sog. »Luftlöcher« ausbilden. —

Es wird den Fliegern erwünscht sein, ungefähr zu wissen, welche Temperaturen sie in größeren Höhen zu erwarten haben. Das zeigt folgende Tabelle:

Mittelwerte der Lufttemperatur über Mitteleuropa.
(Nach A. Wagner.)

Höhe	Jan.	Febr.	März	Apr	Mai	Juni	Juli	Aug.	Sept.	Okt.	Nov.	Dez.	Jahr
km													
5	− 22	− 23	− 23	− 22	− 19	− 14	− 10	− 8	− 10	− 14	− 18	− 20	− 17
4	− 16	− 16	− 17	− 15	− 12	− 8	− 4	− 2	− 4	− 8	− 12	− 14	− 11
3	− 10	− 10	− 10	− 9	− 6	− 2	2	3	1	− 2	− 6	− 8	− 5
2	− 5	− 6	− 5	− 4	− 1	3	7	8	6	3	− 1	− 4	0
1	− 3	− 3	− 1	1	5	9	12	14	12	8	3	− 1	5
0	− 2	− 1	2	5	10	13	16	17	16	11	6	1	8

4. Messung der Schräglage eines Flugzeuges.

Wenn sie auch, streng genommen, nicht zu den meteorologischen Apparaten gehören, so scheint es mir doch zweckmäßig, diejenigen Hilfsmittel zu besprechen, welche die Neigung des Flugzeuges sowohl um die Längsachse (seitliche Neigung) als auch um die Querachse (zum Auf- oder Abstieg) erkennen lassen sollen. In jedem Falle handelt es sich darum, die Abweichung von der horizontalen Lage zu erkennen. Es müssen also solche Apparate mitgeführt werden, welche es gestatten, die horizontale oder vertikale Lage überhaupt festzustellen. Das sind Pendel und Wasserwage.

Hängt man eine kleine Metallplatte an einer horizontalen Achse auf und befestigt an dieser Achse einen Zeiger, so gibt dieser, wenn man den Apparat in richtiger Lage, entweder parallel zur Längsachse oder parallel zur Querachse, in das Flugzeug

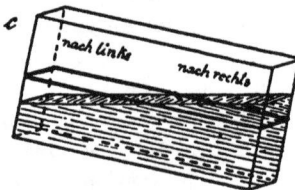

Fig. 17. Neigungs- bzw. Kurvenmesser

einbaut, die gewünschten Neigungen an (Fig. 17 a). Dasselbe leistet eine halbkreisförmig gebogene, beiderseitig verschlossene Glasröhre, die bis auf eine kleine Luftblase mit einer trägen Flüssigkeit, z. B. Glyzerin, gefüllt ist (Fig. 17 b). Noch einfacher kann man sich selbst Neigungsmesser herstellen, indem man einen flachen Blechkasten, der oben durch eine Glasscheibe wasserdicht verschlossen ist, halb mit gefärbter Flüssigkeit, am besten Öl oder Glyzerin, anfüllt und aufrecht im Flugzeug befestigt. Die Lage des oberen Flüssigkeitsrandes bei horizontalem Fluge wird durch einen Strich gekennzeichnet (Fig. 17 c).

Mit Hilfe aller dieser beschriebenen Apparate kann man aber nur die Neigung des Flugzeuges um seine Querachse, also beim Aufsteigen oder Niedergehen einwandfrei bestimmen. Da bei seitlicher Neigung das Flugzeug Kurven beschreibt (wenn es nicht durch entsprechenden Ausschlag des Seitensteuers künstlich im Geradeausflug gehalten wird), so tritt zu der Wirkung der Schwerkraft auf den Neigungsmesser noch die der Zentrifugalkraft hinzu, und zwar in gleicher Weise beim Pendel und bei der Wasserwage. Versuche, durch starke Dämpfung diese Zentrifugalkräfte aufzuheben, sind natürlich ganz vergeblich; die Stellung des Neigungsmessers wird immer durch die Wirkung beider Kräfte, Schwerkraft und Schwungkraft, bestimmt. Das Pendel muß sich also bei einer Linkskurve nach rechts bewegen, der an seiner Achse befestigte Zeiger also einen entsprechenden Ausschlag machen. Da nun aber das Flugzeug ebenfalls nach links geneigt werden muß, so hebt sich beides in seiner Wirkung auf die Angabe des Neigungsmessers wieder auf. Ja, in Wirklichkeit findet man, daß die Wirkung der Zentrifugalkraft größer ist als die Neigung des Flugzeuges, so daß der »Neigungsmesser« in Kurven etwas nach der falschen Seite ausschlägt, also nach rechts, wenn das Flugzeug sich nach links neigt. Das ist in gleicher Weise beim Pendel und bei der Wasserwage der Fall. Die beschriebenen Apparate sind also, wenn sie senkrecht zur Flugrichtung angebracht werden, gar keine Neigungsmesser, sondern »Kurvenmesser«. Wenn sie keinen Ausschlag zeigen oder nur einen kleinen nach der falschen Seite, so liegt das Flugzeug richtig in der Kurve. Wirkliche Neigungsmesser könnte man nur mit Hilfe des Kreisels konstruieren.

Nun braucht der geübte Flieger aber beim Kurvenfliegen keinen Apparat. Die Neigungsmesser werden nur deshalb eingebaut, weil man in Wolken oder bei Nacht die Neigung des Flugzeuges zu kontrollieren wünscht, wenn dem Flieger das Gleichgewichtsgefühl abhanden zu kommen droht. Dazu ist er aber nach obigen Ausführungen nicht unbedingt zuverlässig. Am besten merkt der in Wolken geratene Flieger, daß sein Flugzeug in richtiger Lage ist, daran, daß er bei geradeaus eingestelltem Seitensteuer nach dem Kompaß »Strich fliegt«, d. h. daß sich die Kompaßstellung bei geradeaus gerichtetem Fluge nicht ändert. Nur für die Beobachtung der Neigung aufwärts oder abwärts ist die Mitnahme eines Neigungsmessers zu empfehlen.

Kapitel II

Die Luftbewegung und ihre Störungen.

1. Die mittleren Windverhältnisse in Deutschland.

Während in vielen Gegenden der Erde die Winde zu bestimmten Zeiten aus ganz bestimmten Richtungen kommen, liegt Deutschland — und überhaupt Mitteleuropa — in dieser Beziehung verhältnismäßig ungünstig, indem Winde aus allen Richtungen zu jeder Zeit vorkommen können. Allerdings sind nicht alle Windrichtungen gleich häufig vertreten. Folgende Tabelle von Professor R. Aßmann[1]) lehrt, daß in Deutschland an der Erdoberfläche die südwestlichen und westlichen Winde verhältnismäßig häufiger vorkommen als die aus anderen Richtungen.

Mittlere prozentuale Häufigkeit der Windrichtungen an der Erdoberfläche in Deutschland.

	N	NO	O	SO	S	SW	W	NW
Winter . . .	6	10	10	11	12	22	17	9 %
Frühjahr. . .	10	13	10	9	8	17	16	13 %
Sommer . . .	9	10	7	7	8	18	21	16 %
Herbst . . .	6	9	9	11	12	21	26	9 %
Jahr	8	10	9	9	10	20	18	12 %
Höhenstationen	8	8	9	9	10	19	23	12 %

Die Windrichtungen höherer Schichten, die an aerologischen Instituten untersucht werden, weisen noch mehr ein

---

R. Aßmann: Die Winde in Deutschland, Braunschweig 1910.

Überwiegen der Südwest- und Westwinde auf. In Lindenberg, Kreis Beeskow, ergeben sich folgende Werte:

Jährliche prozentuale Windverteilung über Lindenberg.

Höhe in m	N	NO	O	SO	S	SW	W	NW
4000	5	2	2	6	9	32	20	20 %
3500	5	4	4	6	10	28	23	16
3000	5	4	7	8	10	22	25	15
2500	6	4	8	8	10	21	25	16
2000	6	4	8	9	9	19	26	16
1500	6	4	8	10	8	19	26	16
1000	5	5	9	10	8	18	26	14
500	5	6	9	11	9	19	25	14
Erde	4	7	13	9	12	18	22	10

Aus der Tabelle geht hervor, daß die Südwest-, West- und Nordwestwinde in größeren Höhen immer häufiger vorkommen, während Nordost-, Ost- und Südostwinde oben seltener werden. Die Nord- und Südwinde bleiben an Häufigkeit ziemlich gleich. Allgemein kann man sagen, daß in höheren Schichten die Windrichtung weniger starkem Wechsel unterworfen ist als am Erdboden. —

Fast bei jeder Luftfahrt kann man beobachten, daß die Windrichtung oben und unten mehr oder weniger verschieden ist. Als normal gilt, daß die Windrichtung in 500 m Höhe um einen Winkel von durchschnittlich 20° nach rechts gegen die Bodenwinde gedreht ist, in 1500 m sogar um 30°. Hat man z. B. unten Südwestwind, so herrscht in 500 m in der Regel Westsüdwest, in 1500 m beinahe schon West. Darüber hinaus pflegt im Mittel keine wesentliche Veränderung mehr einzutreten.

Praktisch ergibt sich hieraus für den Flieger, daß er in einer Linkskurve landen soll. Wenn er nämlich in der Höhe den Wind genau von vorn hat und nun zur Landung übergeht, kommt er in Luftschichten, die immer mehr von links kommen. Er muß also darauf gefaßt sein, in den letzten Sekunden nach links wenden zu müssen, und muß deshalb auch nicht die Mitte des Landungsplatzes, sondern seine rechte Hälfte ansteuern.

Von obigem Normalsatz der Winddrehung mit der Höhe kommen aber große Abweichungen vor. Im allgemeinen kann man sagen, daß die Drehung bei ruhigem Wetter größer ist als bei heftigem Wind. In klaren, ruhigen Nächten kann man schon in wenigen hundert Metern die entgegengesetzte Windrichtung antreffen; bei stürmischem Wetter pflegt der Unterschied zwischen oben und unten fast ganz zu verschwinden. Auf See und an der Küste ist die Rechtsdrehung viel geringer als über dem Kontinent. —

Ähnliche Änderungen bestehen bei der Stärke des horizontalen Windes. Es ist leicht erklärlich, daß die Luftbewegung an der ungleichmäßigen Erdoberfläche starke Reibung erfährt, die je nach ihrer Form sehr verschieden sein kann. Am stärksten wird die Luft gehemmt dicht über Wäldern und Großstädten sowie über gebirgigem Gelände; aber auch über Feldern und Wiesen ist der Wind immer stärker gebremst als über dem Wasser, auf dem die Luft fast reibungslos dahingleitet.

Aus diesem Grunde nimmt die Geschwindigkeit mit der Höhe immer zu, und zwar ist diese Zunahme am stärksten über solchen Gegenden, wo die Luft am Erdboden am stärksten gebremst wird, also über Großstädten, Wäldern und Gebirgen. Besonders stark ist die Veränderung der Windgeschwindigkeit mit der Höhe in den alleruntersten Schichten. Z. B. hat man gefunden, daß auf dem 300 m hohen Eiffelturm im Mittel die vierfache Windstärke herrscht als in einem Park bei Paris. Die Beobachtungen über dem flachen Lande, z. B. am Observatorium in Lindenberg, Kreis Beeskow, zeigen, daß in 1000 m Höhe im Mittel die doppelte Windstärke herrscht als an dem äußerst frei aufgestellten Anemometer des Observatoriums. Am Funkenturm zu Nauen herrschte in 2 m Höhe 3,3, in 16 m 4,9 und in 32 m 5,5 m pro Sek. im Jahresmittel, also von 2 auf 32 m eine Windzunahme um 67%. Man geht nicht fehl in der Annahme, daß über Flugplätzen im Mittel schon etwa in 500 m Höhe die doppelte Windstärke herrscht, als man sie mit einem Handanemometer in 3 m Höhe messen kann.

Die Angaben über die mittleren Windgeschwindigkeiten an der Erdoberfläche kann man deshalb bei verschiedenen Stationen kaum miteinander vergleichen, da es zu sehr darauf ankommt, in welcher Höhe die Windmessungen angestellt wurden. Im allgemeinen kann man nur sagen, daß an der Küste, auf Hochebenen und besonders auf Bergkuppen die stärksten Winde anzutreffen sind und daß Winde, die vom Wasser kommen, stärker sind als

Landwinde. In Tälern und Pässen, die sich ungefähr in der Windrichtung erstrecken, wird der Wind verstärkt.

Windgeschwindigkeiten in verschiedenen Höhen in m p. S.

Meeres-höhe	Ham-burg	Lindenberg		Frankf. a. M.	Straß-burg	Friedrichshafen		England
	Pilot	Drachen	Pilot	Pilot	Pilot	Fesselballon	Pilot	Drachen
4000	12,9	—	10,6	9,2	10,8	5,6	10,5	—
3500	11,8	15,1	10,3	8,8	10,2·	5,0	9,3	—
3000	10,8	13,0	9,6	8,2	9,6	4,3	8,7	—
2500	10,3	12,1	8,8	7,8	8,6	3,7	8,0	—
2000	9,7	10,5	8,1	7,3	7,8	3,3	7,4	13,6
1500	9,3	9,4	7,5	6,8	7,2	3,3	6,9	12,9
1000	8,8	9,2	7,0	6,3	6,4	3,1	6,0	11,8
500	8,3	8,9	6,5	5,2	5,1	} 2,4	} 3,2	8,5
Erde	3,1	4,7	5,2	3,0	—			5,0

Vorstehende Tabelle gibt Auskunft über die mittleren Windgeschwindigkeiten in verschiedenen Höhen an einigen aerologischen Instituten; dabei ist jedoch zu beachten, daß die Beobachtungen mit Pilotballonen nur bei heiterem Wetter gemacht werden können und deshalb etwas niedrigere Werte geben. Die Beobachtungen mit Drachen geben wahrscheinlich zu hohe Mittelwerte, die Aufstiege von Fesselballonen mit Sicherheit viel zu niedrige. Dennoch zeigt die Tabelle gute Übereinstimmung; wir lernen aus ihr besonders, daß die Windstärke in Deutschland nach Süden hin abnimmt und überall schwächer ist als in England. —

Die fast immer vorhandene Windzunahme mit der Höhe ist der Grund dafür, daß man schneller steigen kann, wenn man gegen den Wind fliegt. Das ist beim Abflug ja schon längst bekannt und geübt. Aber auch während des Fluges in freier Luft muß diese Wirkung eintreten; das gegen den Wind höher steigende Flugzeug hat stets das Bestreben, die gegen den unteren, schwächeren Wind erreichte absolute Geschwindigkeit, die »Reisegeschwindigkeit«, auch in der höheren, schnelleren Luft beizubehalten, wodurch seine relative Geschwindigkeit gegen die umgebende Luft, die »Eigengeschwindigkeit«, von der seine Steigfähigkeit abhängt, erhöht wird. Wegen der Rechtsdrehung des Windes mit der Höhe soll man also in einer leichten Rechtskurve aufsteigen.

Das soeben beschriebene Verhalten von Flugzeugen bei horizontalen Windänderungen muß noch etwas eingehender besprochen werden. Man kann bei jeder Kurve feststellen, daß sich die Steigfähigkeit eines Flugzeuges vergrößert, wenn man gegen den Wind wendet, daß es aber Tragfähigkeit verliert, wenn man in den Wind einlenkt. Im ersteren Fall kann man also die Kurve viel steiler ansetzen. Der Grund liegt wieder darin, daß das Flugzeug nach dem Gesetz der Trägheit das Bestreben hat, seine Geschwindigkeit gegenüber der Erde (Reisegeschwindigkeit) beizubehalten. Theoretisch läßt sich hieraus ein Mittel ableiten, um in Wolken und bei Nacht mittels Kompaß und Anemometer die Windrichtung und Windgeschwindigkeit zu schätzen. Wenn der Flieger gegen den Wind einlenkt, muß sich seine Relativgeschwindigkeit gegenüber der Luft (Eigengeschwindigkeit) vorübergehend etwas erhöhen, im andern Fall aber verringern, was man an einem eingebauten Anemometer ablesen kann. Beschreibt der Flieger nun eine gleichmäßige volle Rechtskurve von 360° und stellt dabei am Kompaß fest, daß das Anemometer bei 45° die größte, bei 225° die kleinste Geschwindigkeit anzeigt, so kommt der Wind aus der Richtung 45° + 90° = 135°, also Südost. Bei einer Linkskurve müßte man 90° von der Richtung des Windmaximums abziehen, also käme der Wind aus 45° − 90° = 315°, das ist Nordwest. Eine Bestätigung dieser Überlegung steht noch aus.

Hierher gehört auch noch ein Hinweis darauf, daß ein Gleitflug aus stark bewegten Luftschichten in die windschwache Bodenschicht nicht zu steil angesetzt werden darf, wenn man mit dem Winde, nicht zu flach, wenn man gegen den Wind landet. Infolge der Beharrung wird im ersteren Falle die Relativgeschwindigkeit eines Flugzeuges dicht vor dem Aufsetzen verstärkt, in letzterem Falle vermindert. Landet ein Flugzeug gegen den Wind im Windschatten eines Waldes oder eines großen Gebäudes, so sackt es durch wegen der verringerten Relativgeschwindigkeit.

Dazu kommt, daß auch die Neigung der Längsachse eines Flugzeuges sich ändert, wenn es plötzlich in beschleunigte oder verlangsamte Luftströmung kommt. Je nach der Konstruktion (Sitz des Motors und der Steuerflächen) richtet sich das eine Flugzeug auf, wenn es stärkeren Gegenwind bekommt, das andere wendet sich zur Erde. Beim Segelschiff unterscheidet man in ganz ähnlicher Weise »luvgierige« und »leegierige« Schiffe. Beim

Flugzeug könnte man die erstgenannte Art »steiggierig«, die andere »fallgierig« nennen. —

Von einiger Wichtigkeit für das Flugwesen ist auch die Wahrscheinlichkeit, bestimmte Windstärken in den verschiedenen Höhen anzutreffen. In Lindenberg wurde folgende Tabelle aufgestellt:

Prozentische Häufigkeit gewisser Schwellenwerte der Windgeschwindigkeit in der Mark.

Schwellenwerte der Windgeschwindigkeit	Erdoberfläche	500	1000	1500	2000	2500	3000 m
0— 2 m pro Sek.	16	9	9	9	8	8	6 %
2— 5 » » »	44	19	18	17	12	9	8 %
5—10 » » »	32	37	34	28	26	20	18 %
10—15 » » »	3	19	22	26	32	34	31 %
über 15 » » »	0	13	15	15	18	25	32 %

Diese Zahlen sind äußerst lehrreich. Wenn man die Winde über 10 m Geschwindigkeit als ungünstig bezeichnen will, so sieht man, daß diese an der Erdoberfläche nur in 3% aller Tage vorkommen, in 500 m Höhe jedoch schon an 32% aller Tage, und von 2000 m ab überwiegen sie bereits. Die Wahrscheinlichkeit der einzelnen Windstufen wird nun je nach den lokalen Verhältnissen sehr verschieden sein. Dabei werden im allgemeinen die Gegenden mit geringer mittlerer Windstärke auch weniger Sturmgefahr haben. Doch wird die Statistik später gewiß auch Gegenden finden, in denen trotz geringer mittlerer Windstärke starke Winde häufiger sind, und man muß sich vor der Annahme hüten, daß Gegenden mit hoher mittlerer Windstärke deshalb zum Flugsport ungeeignet wären. Die Erfahrung lehrt, daß einige Meter Windstärke sogar dem Flieger nützlich sind: Sie erleichtern das Anfliegen und die Landung, indem sie beim Aufstieg die zur Tragfähigkeit notwendige Relativgeschwindigkeit zwischen Luft und Flugzeug früher herbeiführen und bei der Landung den Auslauf hemmen.

Professor G. Hellmann[1]) hat vor längerer Zeit einmal die ährliche Verteilung der Stürme an vielen europäischen Stationen z usammengestellt, nach der ich folgende Mittelwerte für die einzelnen

---

[1]) Meteorologische Zeitschrift 1895, S. 443.

Länder berechnet habe. Die Zahlen zeigen an, welche Monate
in den einzelnen Ländern die stürmischsten bzw. ruhigsten sind.
Einen Vergleich der Sturmgefahr der verschiedenen Länder gegen
einander kann man aus dieser Tabelle nicht ziehen. Dennoch
mag ihre Wiedergabe — in Ermangelung besserer Statistiken —
von Nutzen sein.

Jährliche Periode der Stürme in Europa.

(Prozente der Jahressumme.)

	Febr.	Jan.	März	April	Mai	Juni	Juli	Aug.	Sept.	Okt.	Nov.	Dez.
Pyrenäische Halbinsel nebst Inseln	13	14	25	6	6	3	4	2	3	5	8	11
Frankreich	9	14	16	10	6	4	4	3	5	10	7	12
England	18	13	11	5	4	2	1	3	4	10	14	14
Norwegen	16	14	10	5	3	2	1	3	6	12	12	15
Dänemark	11	11	9	5	4	2	2	4	5	20	12	16
Ostküste der Ostsee	10	11	8	4	3	5	6	6	8	15	11	13
Europäisches Rußland	12	13	14	6	7	7	5	5	4	7	9	10
Österreich	11	8	13	10	9	5	4	4	6	9	10	12
Mitteldeutschland	17	10	15	5	6	6	2	5	3	12	7	12
Deutsche Küsten	12	10	13	5	6	3	5	6	5	12	11	13
Niederlande und Belgien	13	10	16	6	4	3	3	6	6	12	10	12

Man ersieht aus dieser Zusammenstellung leicht, daß durch-
weg die Sommermonate die ruhigsten, die Wintermonate die
stürmischsten sind. In manchen Gegenden liegt die ungünstigste
Zeit in den Monaten Oktober, November, Dezember, andere zeigen
die größte Sturmgefahr in den ersten Monaten des Jahres. Zwischen
März und April zeigt sich aber überall eine deutliche Wendung
zum Guten, während im Oktober plötzlich die stürmische Jahreszeit einsetzt. —

Um zu zeigen, wie eine Windgeschwindigkeit von beispielsweise 10 m pro Sek. (36 m pro Std.)[1] auf die Reisedauer eines Flugzeuges wirkt, wollen wir den Fall annehmen, daß ein Flugzeug,
dessen Eigengeschwindigkeit 100 km pro Std. (ca. 28 m pro Sek.)[1]
sei, von Berlin nach Metz, das sind ca. 625 km, fliegen solle, und
zwar einmal mit, ein anderes Mal gegen einen Wind von 36 km.
Fliegt das Flugzeug genau mit dem Winde, so wird seine wirk-

---

[1] Umrechnung siehe Tabelle II des Anhangs.

liche Geschwindigkeit gegen den Punkt der Erde so groß wie die Eigengeschwindigkeit und die Windgeschwindigkeit zusammen. Es fliegt also mit 136 km, während es nur mit der Differenz zwischen Eigengeschwindigkeit und Windgeschwindigkeit, also 64 km vorwärts kommt, wenn es gegen den Wind fliegt. Die 625 km lange Strecke würde es also mit dem Winde in 625 : 136 = 4½ Stunden zurücklegen, im anderen Falle brauchte es 625 : 64 = 9¾ Stunden, also mehr als doppelt so lange.

Kommt der Wind von der Seite, so muß sich das Flugzeug schräg gegen seine Flugrichtung stellen, um in gerader Linie auf sein Ziel loszufliegen. Diesen Winkel, um den es nach der Windrichtung zu gedreht werden muß, den sogenannten Steuerwinkel, sowie die Fahrtgeschwindigkeit, die es dann erreicht, kann man sich mit Zirkel und Lineal graphisch ausrechnen, wie es Fig. 18 zeigt. Man zeichne zuerst die Flugrichtung durch einen langen Strich auf das Papier (in den Zeichnungen ist angenommen, daß das Flugzeug nach Norden fliegen soll), dann trage man die Windrichtung in dem richtigen Winkel ein, durch einen Pfeil, der die Flugrichtung im Punkte A trifft. Den Pfeil macht man so viel Millimeter lang, wie der Wind Kilometer in der Stunde zurücklegt, beispielsweise 36. Nun greife man mit dem Zirkel so viel Millimeter ab, wie die Eigengeschwindigkeit Kilometer in der Stunde beträgt, beispielsweise 100, und schlage um den anderen Endpunkt des Windpfeiles einen Kreisbogen, der die Flugrichtung in B trifft. Dann ist A B die Reisegeschwindigkeit, wobei ein Millimeter als Kilometer in der Stunde zu lesen ist.

In Fig. 18 sind drei Beispiele angegeben: Seitenwind (a), Wind von links hinten (b) und Wind von rechts vorn (c). Es ergibt sich im ersten Falle 93 km, im zweiten Falle 124 km und im dritten Falle 71 km Fahrtgeschwindigkeit. Alles bei 36 km Windstärke und 100 km Eigengeschwindigkeit des Flugzeuges.

Solche Überschlagrechnung sollte jeder Flieger oder sein Beobachter vor Antritt von größeren Überlandflügen anstellen. Er kann aus der errechneten Flugdauer die Menge des mitzunehmenden Betriebsstoffes berechnen. Reine Schätzungen führen leicht zu Irrtümern.

Die Zeichnungen geben aber noch mehr: Der am Punkte B liegende Winkel, den man mit einem Transporteur oder einem auf B gelegten Kompaß mit Gradteilung ablesen kann, ist derjenige Winkel, um den man gegen den Seitenwind gegenhalten muß, der »Steuerwinkel«. Am besten macht man die obige Konstruktion unmittelbar auf einer Landkarte und liest an dem aufgelegten Taschenkompaß den einzuhaltenden Kurs ab. Wenn man dann vorübergehend die Orientierung verliert oder in Wolken kommt, so kann man nach dem Kompaß weiterfliegen. Hierbei

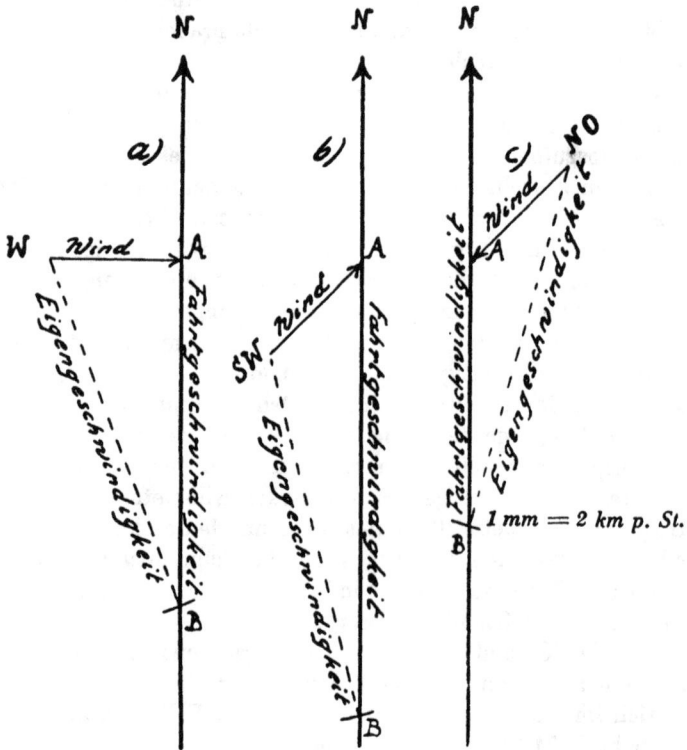

Fig. 18. Konstruktion des Kräftedreiecks zwecks Berechnung des Steuerwinkels und der Reisegeschwindigkeit.

braucht man die Deklination (Abweichung des Kompasses von der genauen Nordrichtung) gar nicht mehr besonders zu berücksichtigen; das ist schon dadurch geschehen, wenn man den Taschenkompaß so auf die Karte und Zeichnung legt, daß 0° nach Norden gerichtet ist. Die Kompaßnadel zeigt dann in Deutschland auf 345° bis 355°.

Übrigens gibt es einfache Instrumente, mit denen diese Rechnung ausgeführt werden kann, beispielsweise von der Optischen Anstalt G o e r z in Berlin-Friedenau. —

Der vertikale Teil der Luftströmung ist gewöhnlich sehr viel geringer als der horizontale, woraus sich ergibt, daß die Luftströmung gewöhnlich nur unter einem kleinen Winkel gegen die Horizontale geneigt ist. Die Neigung beträgt im Mittel etwa 1 zu 100. Berechnungen und Überlegungen haben nämlich gezeigt, daß die Luft über der Ebene nur um wenige Zentimeter pro Sekunde auf- oder absteigt, außer in Böen oder Gewittern. Man kann also sagen, daß die vertikalen Luftströmungen bei ruhigem Wetter und in ebenem Gelände für den Flieger nicht in Betracht kommen. In der Nähe von Gebirgen gilt das jedoch nicht mehr. Noch in Straßburg i. E. hat Professor H e r g e s e l l festgestellt, daß die als Föhn bezeichneten Fallwinde über 2 m pro Sek. Fallgeschwindigkeit erreichen können.

Merkwürdigerweise glaubte Lilienthal in seinen berühmten Versuchen gefunden zu haben, daß die Luftströmung wenige Meter über der Erde im Mittel etwa 3^0 nach aufwärts gerichtet sei. Es hält jedoch schwer, dieses Ergebnis als richtig anzuerkennen, da die Luft ja doch nicht aus der Erde herauskommen kann, sondern jeder aufsteigenden Luftmasse eine gleich große absteigende gegenüberstehen muß. Wahrscheinlich ist dieser Widerspruch durch die später zu behandelnden Turbulenzbewegungen zu erklären.

2. Einfluß von Unebenheiten der Erdoberfläche auf die Luftströmung („Geländeböen").

Jede Störung und plötzliche Änderung der gleichmäßigen Luftbewegung, sei es in horizontaler oder vertikaler Richtung, nennt der Flieger eine »Böe«. Er hat sich damit in Gegensatz zur meteorologischen Wissenschaft gesetzt, die unter »Böe« einen thermodynamischen Vorgang größeren Stils, nämlich Regen-, Gewitter- oder Hagelböe versteht, wobei allerdings das Eintreten vertikaler und horizontaler Windstöße eine typische Begleiterscheinung bildet.

Nachdem sich der Begriff aber einmal eingebürgert hat, möge er auch hier verwandt werden. Wir wollen jedoch je nach der

Entstehungsursache unterscheiden zwischen Geländeböen, Sonnenböen und Turbulenz auf der einen Seite und den großen Gewitter-
böen auf der anderen.

Hauptsächlich sind es die vertikalen Luftbewegungen, die,
plötzlich einsetzend, als Böen empfunden werden, und unter
diesen besonders die abwärts gerichteten Luftstöße. Solche »Fallböen« sind naturgemäß viel stärker als die von Fliegern weniger
beachteten »Steigböen«, weil die herabfallende Luft infolge der
Anziehungskraft der Erde beschleunigt wird, die hinaufsteigende
jedoch verlangsamt.

Dicht über dem Erdboden verwandelt sich die »Fallböe«
immer in einen horizontalen Luftstoß, da ihrem Herabsinken ja

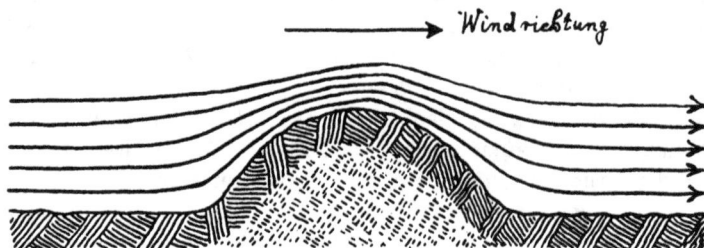

Fig. 19. Luftströmung über einem Bergkamme.

eine natürliche Grenze gesetzt wird. — Zuerst also von den »Geländeböen«!

Wenn sich dem Winde ein Gebirgskamm entgegenstellt, um
den der Wind nicht herumfließen kann, so wird die Luft nach
oben abgelenkt, wie es Fig. 19 anzeigt. Die einzelnen Kurven
sollen die Strömungslinien darstellen. Sie zeigen an, daß an der
dem Winde entgegenstehenden Bergseite, der »Luseite«, der
Wind aufsteigt, während er an der dem Wind abgewandten Seite,
der »Leeseite«, herunterfließt; ferner, daß die höheren Luftschichten
weniger gehoben werden als die untersten. Auf der Luvseite,
besonders über dem Kamm, wo sich die Strömungslinien zusammen-
drängen, findet eine Erhöhung der Windstärke statt.

Aus alledem folgt, daß, wenn man mit dem Winde über
einen Berg hinüberfliegt, man fast, ohne es zu merken, hinüber-
gehoben wird; wenn man gegen den Wind hinüberfliegen will,
muß man nicht nur den Berg selbst überwinden, sondern auch

noch den herunterkommenden Luftstrom. Man soll daher in letzterem Falle zuerst in große Höhen hinaufsteigen, am besten noch einmal so hoch wie der Berg selbst, und erst dann über ihn hinüberfliegen. Das »Hochschrauben« muß aber schon in wenigstens 5 km Entfernung vom Fuße eines 500 m hohen Bergrückens erfolgen, bei höheren Bergkämmen entsprechend mehr, damit man den absteigenden Luftstrom sicher vermeidet.

Bei Ballonfahrten, die übrigens allen Fliegern zur Belehrung über meteorologische Dinge angelegentlichst empfohlen werden mögen, hat man festgestellt, daß beim Überqueren von Gebirgsrücken leicht 5 m pro Sek. Vertikalbewegungen auftreten können, in Ausnahmefällen wohl bis 10 m pro Sek. Da nun Flugzeuge nur selten mehr als 3 m pro Sek. Steiggeschwindigkeit entwickeln

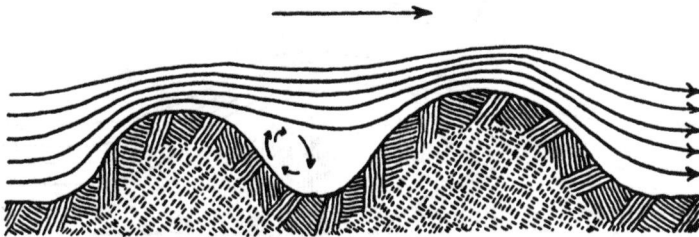

Fig. 20. Strömungslinien über einem doppelten Bergrücken.

und auch bei normalen Gleitflügen nur mit etwa 4 m fallen können, so ist es leicht erklärlich, daß an der Leeseite Flugzeuge herabgedrückt oder am Aufsteigen verhindert werden können, obgleich sie relativ zur Luft im starken Steigen gehalten werden. Umgekehrt sind Fälle vorgekommen, wo Flugzeuge trotz Gleitfluges durch den aufsteigenden Luftstrom der Luvseite immer größere Höhen erreichten.

Alleinstehende Berge weisen diese Verhältnisse nicht in dem Maße auf, weil die Luft gewöhnlich um den Berg herum ihren Weg nimmt.

Liegen mehrere Bergrücken hintereinander, so pflegt die Luft gewöhnlich nicht sehr viel in das dazwischen liegende Tal hinabzusinken. Hingegen bildet sich, wie in Fig. 20 angedeutet, auf der dem Winde abgewandten Seite des ersten Berges ein Wirbel aus, dem der Flieger ausweichen muß. Wenn man in einem solchen

Tale landen will, so soll man nicht direkt hinter dem Berge hinunter-
gehen, sondern diesen Leeseitenwirbel vorerst zu überfliegen suchen.
Man wird dann in dem Tal nur geringe Windstärken finden. Über-
fliegt man solche Gebirgsrücken jedoch gegen den Wind, so ist
es geraten, direkt nach Überwindung des Berges hinunterzugehen,
wenn man in dem dazwischen liegenden Tal landen will. Sonst
soll man mindestens in doppelter Gipfelhöhe das Tal überfliegen.

Auch die Wirkungen kleinerer Geländewellen merkt man
bis zu ziemlich großen Höhen. Schätzungsweise kann man annehmen, daß die vertikale Bewegung der Luft in der doppelten
Höhe des Berges erst auf den halben Betrag heruntergegangen
ist, also über einem 1000 m hohen Bergrücken hat man in 2000 m
Höhe noch Vertikalbewegungen von 500 m zu überwinden. Bei

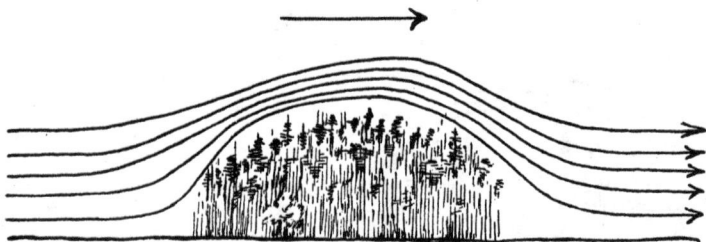

Fig. 21. Strömungslinien in der Umgebung eines Waldes.

starkem Winde sind die vertikalen Bewegungen über Bergen noch in
größeren Höhen zu spüren, bei schwachem Winde findet man wenige
hundert Meter über dem Gipfel schon keine Einwirkung mehr. —

Nicht nur bei Gebirgen, sondern überall da, wo die Luft
durch die ungleichmäßige Form der Erdoberfläche stark gebremst
wird, so daß die Luftmassen schneller nachfolgen, als sie abfließen
können, muß die Luft sich stauen, so daß die Luftmassen nach
oben abgelenkt werden. Hinter dem Hindernis strömt die Luft
wieder nach unten (vgl. Fig. 21). Mit diesem absteigenden Luftstrom geht eine Schwächung des horizontalen Windes Hand in
Hand. Man kann z. B. bei mittleren Windstärken rechnen, daß
die Windverminderung 500 m hinter Hochwald noch 50% beträgt,
bei stürmischem Wind noch weit mehr. Die absteigenden Luft-
ströme hinter Wäldern werden 1 m pro Sek. Vertikalgeschwindig-
keit nur selten überschreiten.

Diese vertikalen Luftbewegungen infolge Luftstauung findet man auch an den Küsten. Wenn die Luft vom Wasser zum Lande fließt, bildet sich an der Küste ein aufsteigender Luftstrom, während bei ablandigen Winden sich an der Küste ein absteigender Luftstrom bilden muß, siehe Fig. 22. An sog. Steilküsten oder an tief eingeschnittenen Flußbetten sind diese Verhältnisse noch verstärkt.

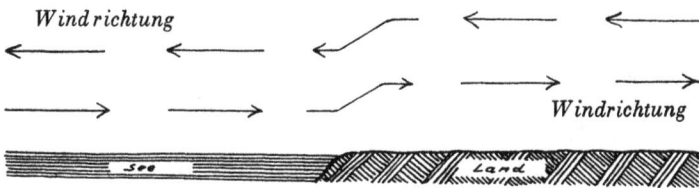

Fig. 22. Strömungslinien an Küsten.

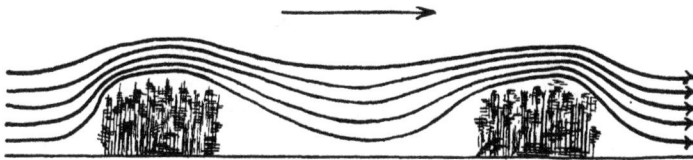

Fig. 23 a. Strömungslinien zwischen zwei Wäldern.

Fig. 23b. Strömung über einer Waldlichtung.

Besonderer Erwähnung bedarf der Fall von Flugplätzen, die durch Wald (oder Gebirge) gegen Wind »geschützt« sind. Hinter diesem Windschutz bildet sich ein absteigender Luftstrom, der häufig störend wirkt, besonders dann, wenn auf allen Seiten Wald ist, weil sich dann dem absteigenden Ast wieder ein aufsteigender anschließt (Fig. 23a), wenigstens, wenn der Platz eine genügende Größe hat, etwa über 1 km. Über kleinere, in großen Wäldern gelegene Plätze streicht die Luft — besonders des Nachts und in der Frühe — in Höhe der Baumgipfel hinweg, während die tieferen, kalten Luftmassen in Ruhe bleiben (Fig. 23 b). Dieser Fall ist aber besonders ungünstig, weil die Grenze zwischen der ruhenden und der bewegten Luft jedesmal eine Gefahrzone für den Flieger bildet, der, wenn er m i t dem Oberwinde aufsteigt, in dieser Zone am Aufstieg gehemmt wird, wenn er g e g e n den Wind aufsteigt, einen Stoß von vorn bekommt und, wenn er schräg aufsteigt, einen seitlichen Stoß zu erwarten hat.

Man kommt infolgedessen zu dem Ergebnis, daß ein benachbarter Wald kein Schutz, sondern e i n N a c h t e i l f ü r e i n e n F l u g - p l a t z ist. Je nach den Windrichtungen bilden sich an solchen Plätzen auf bestimmten Stellen Wirbel und Böen aus. Wenn die Größe des Platzes gewisse Beziehungen zur Breite des Waldes und auch zur Windgeschwindigkeit hat, so können sich »stehende Luftwellen« und stabile Wirbel bilden, worauf bisher viel zu wenig geachtet ist.

Es soll noch erwähnt werden, daß Alleen, Häuserreihen, auch einzelne Gebäude und Baumgruppen ebenfalls auf die Luftströmung störend einwirken. Doch sind Häuser nur bei stürmischem Winde in mehr als 100 m Höhe noch zu spüren. Hohe Kamine sind dafür bekannt, daß sich hinter ihnen Wirbel bilden, die bei frischem Winde Hunderte von Metern entfernt noch fühlbar sind.

Von besonderer Bedeutung für den Flieger sind in dieser Hinsicht auch die Luftschiffhallen, weil er häufig in der Lage ist, in ihrer Nähe aufsteigen und landen zu müssen. Dicht hinter den Hallen fließt die Luft aus der Höhe herab; dann bilden sich Wirbel aus, die viele hundert Meter hinter der Halle noch merkbar sein können, je nach der Windstärke. Steht die Halle quer zum Wind, so ist die durch sie hervorgerufene Störung der Luftbewegung viel größer. Die Leeseite einer Luftschiffhalle meidet der ungeübte Flieger also am besten. —

Bei dem heutigen Stand des Flugzeugbaues werden alle in diesem Kapitel geschilderten, durch die unregelmäßige Gestaltung der Erdoberfläche hervorgerufenen Störungen der Luftbewegung kaum jemals eine wirkliche Gefahr für den Flieger bilden, sofern nicht andere Gefahrsmomente, wie Wolken, schlechte Sicht u. a. m., hinzukommen.

3. Einfluß der Sonnenstrahlen auf die Luftströmung ("Sonnenböen").

Der wichtigste Einfluß der Sonnenstrahlung äußert sich in dem großen Unterschied der Luftströmung am Tage und in der Nacht. Er beruht einesteils darauf, daß die untersten Luftschichten am Tage erwärmt werden, während sie sich in der Nacht abkühlen, und anderseits darauf, daß sich die Erdoberfläche je nach ihrer Beschaffenheit ungleichmäßig schnell und ungleichmäßig stark erwärmt; Wasser und feuchte Gegenden, auch Wälder erwärmen sich langsamer und weniger stark als Felder und trockene Steppen.

Wenn am Morgen die Erdoberfläche sich durch die Sonnenstrahlung erwärmt, besonders bei wolkenlosem Himmel, bildet sich eine Luftdurchmischung aus, indem die am Erdboden erwärmte Luft in dünnen Luftfäden aufsteigt und die kühlere Luft höherer Schichten heruntersinkt, um sich gleichfalls zu erwärmen. Diese Erscheinung äußert sich im Flimmern der Luft über erhitzten Flächen, wie man es ja besonders im Sommer deutlich beobachten kann. Für die Flieger würde sich diese Luftbewegung, weil die einzelnen vertikalen Luftströmungen nur geringe Ausdehnung haben, nicht sehr bemerkbar machen, wenn nicht durch diese Erscheinung ein ungünstiger (labiler) Gleichgewichtszustand der Luft geschaffen würde. Wenn nämlich die untersten Luftschichten besonders warm sind und die darüber liegenden kühl, mit anderen Worten, wenn die Temperatur der Luft mit der Höhe stark abnimmt, und zwar um mehr als einen Grad für je 100 m, so hat die Luft stets eine Neigung zu vertikalen Bewegungen und der geringste Anlaß erzeugt auf- und absteigende Luftströmungen. Der Flieger sagt dann: »Die Luft trägt schlecht«. Die Luft am Tage ist also viel unruhiger als in der Nacht; mittags findet man die schlechtesten, am frühen Morgen die besten Luftverhältnisse vor.

Es liegt auf der Hand, daß diese ungünstigen Gleichgewichtsverhältnisse sich dann am stärksten einstellen, wenn die Sonnenstrahlung am stärksten ist, also an heiteren Tagen und besonders im Sommer. Sie werden im Winter und bei bewölktem Himmel nur in den untersten 200 bis 300 m gemerkt, an heiteren Sommertagen jedoch bis über 1500 m hoch.

Alle die noch folgenden Einflüsse der Sonnen.. .... .ng werden durch diese Labilitätsverhältnisse in ihren Wirkungen noch verstärkt.

Infolge dieser Mischungen der Luft an heiteren Tagen bilden sich aber auch periodische Veränderungen der Windrichtung aus. Im vorigen Abschnitt wurde darauf hingewiesen, daß die Luft höherer Schichten gegen den unteren Wind nach rechts gedreht ist. Wenn nun — wie soeben geschildert — die obere Luft nach unten sinkt und die untere nach oben steigt, so muß im Laufe des Vormittags der Wind in der Höhe sich etwas nach links, am Erdboden etwas nach rechts drehen; beispielsweise, wenn man am frühen Morgen Südwind hat, so hat man bei heiterem Himmel bis Mittag Südwest zu erwarten. Das wird in der Tat häufig beobachtet, und zwar um so mehr, je geringer die Windstärke am Erdboden ist.

Gleichzeitig mit der Drehung findet auch am Erdboden eine Verstärkung des Windes um Mittag statt, da — wie in einem vorigen Abschnitte mitgeteilt — die herabsinkende Luft höherer Schichten in der Regel eine größere Geschwindigkeit hat. Der Flieger pflegt dann mit Recht zu sagen, daß der Oberwind im Laufe des Vormittags herunterkomme. Wenn der Höhepunkt der Wirkung der Sonnenstrahlung überschritten ist, was in der Regel gegen 1 Uhr der Fall ist, entwickeln sich die Verhältnisse allmählich im Laufe des Nachmittags und in der folgenden Nacht wieder zurück: die Windgeschwindigkeit nimmt allmählich wieder ab, die Windrichtung ändert sich entgegengesetzt der Drehung des Uhrzeigers, während die höheren Luftschichten beschleunigt werden und ihre Zugrichtung rechts herumdreht.

Bei stärkerem Winde und trübem Wetter machen sich diese täglichen Veränderungen des Windes nur schwach oder gar nicht geltend. Bei heiterem Wetter kann man jedoch ziemlich sicher darauf rechnen, daß gegen Abend der Wind abflaut. Der Betrag dieser täglichen Schwankung der Windstärke ist recht verschieden: In Mitteldeutschland ist der Unterschied zwischen der größten Windstärke am Mittag und der geringsten in den frühen Morgenstunden 1½ bis 2 m pro Sek. An heiteren Tagen steigt er auf über 3 m. An der Küste ist er viel geringer. Auch mit der Höhe nimmt die Schwankung bald ab. In etwa 50 m Höhe beginnt schon die entgegengesetzte Schwankung, Maximum in der Nacht,

Minimum am Mittag. Bis in große Höhen ist diese tägliche Schwankung der Windstärke nachzuweisen, doch beträgt sie in 500 m Höhe nur noch 1 m, in 1000 m und darüber nur noch ½ m pro Sek. Über dem Meere herrscht wahrscheinlich gar keine merkliche täglich-periodische Schwankung. —

Während die soeben besprochenen Verhältnisse kaum jemals ernste Störungen hervorbringen können, sondern ihre Kenntnis nur Vorteile bringen kann, sind die durch die Verschiedenartigkeit der Wirkung der Sonnenstrahlung auf trockene und feuchte, bedeckte oder nackte Teile der Erdoberfläche für den Flieger von größerer Bedeutung.

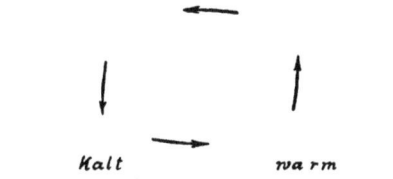

Fig. 24. Luftströmungen über kalten und warmen Gebieten.

Es ist bekannt, daß Wasser sich langsamer erwärmt als Land. So wird auch die über dem Wasser liegende Luft im Laufe des Tages langsamer und weniger stark erwärmt. Aus diesem Grunde bildet sich am Tage bei geringer Windstärke überall da, wo Wasser und Land, feuchte Wiesen oder Sümpfe und Felder, wo Wälder und Steppen zusammenstoßen, über den letzteren jedesmal eine aufsteigende Luftströmung, über den ersteren eine absteigende. Der Grund liegt einfach darin, daß die kalte Luft schwerer ist als die warme (s. Fig. 24).

Wenn nun solche, durch die ungleichmäßige Bedeckung der Erdoberfläche hervorgerufene »Sonnenböen« zusammenfallen mit den im vorigen Abschnitt behandelten, durch ungleichmäßige Gestaltung hervorgerufenen »Geländeböen«, wie es z. B. bei tief eingeschnittenen kalten Flußtälern der Fall ist, so kann die Vertikalbewegung eine Form annehmen, daß sie, um den Fliegerausdruck zu gebrauchen, als »Fallböen« und »Steigböen« störend und gar gefährlich werden. Diese Sonnenböen findet man also immer an bestimmten Stellen wieder. Auf jedem Flugplatz gibt es solche »Böenwinkel«, nämlich immer da, wo feuchte Mulden, kahle Felsen, Waldparzellen, ein Teich oder ein Heidestück liegen. Bei Überlandflügen erkennt der erfahrene Flieger schon vorher solche Stellen an der Veränderung des Aussehens der Erdoberfläche. Er wird dann durch die plötzlichen Schwankungen nicht überrascht.

Mancher leitet aus Vorsicht schon vorher einen flachen Gleitflug
ein. Allgemein kann man sagen, daß die Sonnenböen »härter«
sind als die — elastischeren — Geländeböen. Erstere fallen das
Flugzeug reißend und ruckweise an.

Nachts sind diese Effekte sehr viel schwächer, weil die Tempe-
raturunterschiede zwischen feuchten und trockenen Gegenden

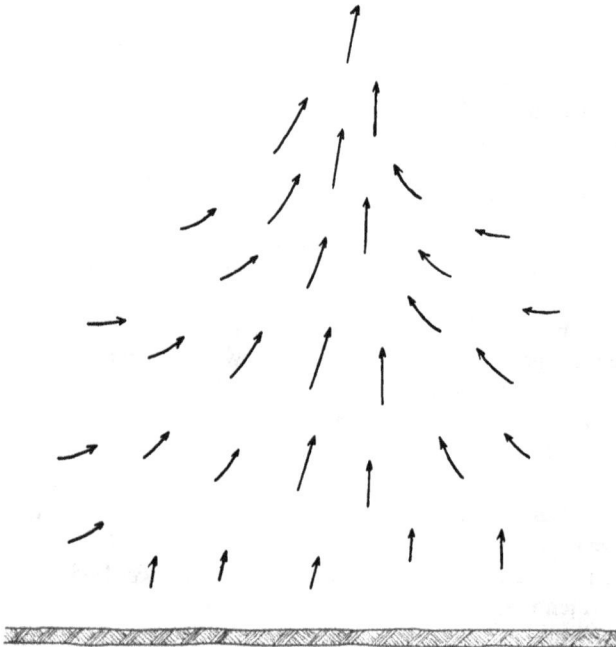

Fig. 25. Kaminartiges Aufsteigen erwärmter Luft.

geringer sind. Bei labiler Luftschichtung treten jedoch schon
wenige Stunden nach Sonnenaufgang diese Sonnenböen auf.

Hirth hat einmal darauf hingewiesen, daß einige Zeit nach
Heraufziehen einer größeren Wolke diese Sonnenböen aufhören
oder sich stark abschwächen, und er gibt deshalb den Rat, bei
böigem Wetter solche vorübergehende Bewölkung des Himmels
zum Aufstieg bzw. Landung zu benutzen. —

Man hat bemerkt, daß die über einer erhitzten Gegend aufsteigenden Luftmassen sich in der Höhe von allen Seiten zusammen-

drängen, so daß gleichsam eine kaminartige Strömung entsteht, die infolgedessen zeitweise merkliche Geschwindigkeit, 1 bis 2 m in der Sekunde, bekommen kann (s. Fig. 25). Ringsumher bilden sich dann absteigende Strömungen aus. Die Lage dieses Kamines wechselt nun schnell, er bildet sich bald hier, bald da aus. Über diesen Kaminen entsteht dann die für aufsteigende warmfeuchte Luftmassen charakteristische Haufenwolke. In ihr herrscht also stets aufsteigender Luftstrom, während in den Wolkenlücken die Luft im Sinken begriffen ist. Freiballone werden daher mit Notwendigkeit von diesen Kaminen angesogen und in ihnen zur Haufenwolke hinaufbefördert. Auch auf Flugzeuge müssen sie also eine gewisse Anziehungskraft ausüben. —

An den Ufern von größeren Seen und an der Meeresküste treten diese Wirkungen ebenfalls auf. Man wird deshalb über den Uferrändern immer mit kleinen Vertikalbewegungen zu rechnen haben, mit »Fallböen«, wenn man vom Land auf das Wasser, mit »Steigböen«, wenn man vom Wasser aufs Land übergeht. Über Binnenseen werden sie stärker bemerkt als über den Meeresküsten.

Auch die Windrichtung wird häufig durch die ungleiche Erwärmung von Wasser und Land, Berg und Tal beeinflußt, indem am Tage Seewinde, bzw. Talwinde, in der Nacht Landwinde bzw. Bergwinde eintreten. Da wo das Gebirge bis an das Meer heranreicht, verstärken sich die Bergwinde und die Landwinde einerseits und die Seewinde und Talwinde anderseits. Bei heiterem Wetter und im Sommer sind auch diese Winde ausgeprägter als bei trübem Wetter und im Winter. — »Schönwetter« nach bürgerlichen Begriffen ist also durchaus nicht günstiges Flugwetter. Besonders unruhig sind heitere Tage, die auf kühle Regentage folgen.

4. Schichtungen der Luft.

Im früheren Kapitel war davon die Rede, daß, wenn der Temperaturunterschied zwischen der oberen und unteren Luft sehr groß ist, also wenn kalte Luft über viel wärmerer Luft ruht, daß dann die Luft eine große Neigung zu vertikalen Bewegungen hat. Wenn hingegen das Umgekehrte der Fall ist, wenn wärmere Luft über kalter liegt, oder die obere Luft etwa dieselbe Temperatur wie die untere hat, so ist der Gleichgewichtszustand der Luft besonders günstig und etwa hervorgerufene vertikale Bewegungen beruhigen sich schnell.

Vielfach findet man, wenn man die in verschiedenen Höhen gemessenen Temperaturen betrachtet, daß in einer bestimmten Höhenlage bei weiterem Steigen die Temperaturen schnell um einige Grade in die Höhe gehen. Man ist dann also in eine wärmere Luftschicht geraten, die sich gewöhnlich auch noch durch veränderte Windrichtung und geringeren Feuchtigkeitsgehalt von den darunter liegenden unterscheidet. Man nennt einen so schroffen Übergang zwischen zwei verschiedenen Luftmassen eine »Luftschichtung«, die obere warme Schicht eine »Inversionsschicht« oder »Sperrschicht«, weil sie den aufsteigenden Luftströmungen den Durchgang zu noch höheren Schichten versperrt.

Solche Schichtungen der Luft sind im allgemeinen für die Luftschiffahrt günstig, weil sie — wie gesagt — die lästigen Vertikalböen vermindern. Besonders in der Nacht bildet sich durch die Abkühlung der untersten Luftschicht in einer Höhe von wenigen hundert Metern eine solche Schichtung, welche das bekannte nächtliche Abflauen des Windes und das Aufhören der Vertikalbewegungen in der Nähe des Erdbodens hervorruft.

Diese Schichtungen haben jedoch auch einige für die Luftschiffahrt weniger günstige Eigenschaften. Die eine ist die Neigung der Luft zu Wellenbildungen, die gerade an den Grenzen zweier Luftschichten verschiedener Bewegung und Dichte auftreten und sich noch mehrere hundert Meter über und unter dieser Schichtung bemerkbar machen. Solche Luftwogen messen horizontal von einem Wellental zum anderen einige hundert bis einige tausend Meter und vertikal vom Wellental zum Wellenberg etwa $^1/_{10}$ ihrer Wellenlänge. Der Flieger braucht zu ihrer Durchquerung etwa 10 bis 100 Sekunden und muß dabei Vertikalschwankungen von einigen Metern in der Sekunde überwinden. In gleichen Zeitabständen wird er rhythmisch gehoben und herabgezogen, doch elastisch und ohne Stoß. Wenn man in solch Wogensystem hineingerät, braucht man nur die Höhenlage um wenige hundert Meter zu verändern.

Fliegt man parallel mit den Wellenzügen, so wird man bemerken, daß beim Vorübergang der Wogen abwechselnd der rechte und der linke Flügel die Neigung zeigt, sich zu heben, mit Zwischenräumen von 5 bis 20 Minuten, je nach der Schwingungszahl der Luftwogen.

Oft bestehen auch mehrere solche Wellensysteme gleichzeitig und können dann wohl das Fliegen erheblich unruhig gestalten. Es scheint, als ob diese Luftwellen auch branden und sich überschlagen können, und zwar nach unten wie nach oben. Es müssen dann vertikale Luftstöße und Wirbel entstehen, die den Flieger in Gefahr bringen können. Wenn also die Pilotbeobachtung zeigt, daß in einer bestimmten Höhe starke Winde einsetzen, während die Luft unten ruhig ist, so muß man in dieser Höhenlage auf sehr unruhige Verhältnisse gefaßt sein. —

Noch in einer anderen Hinsicht können Luftschichtungen, mit denen große Veränderungen der Windrichtungen und Windgeschwindigkeit verbunden sind, gefährlich werden. Sie wirken nämlich für ein Flugzeug, das sie in schnellem Gleitflug passiert, wie ein sog. »Luftloch«, wie August Euler nachgewiesen hat.

Die Beweisführung ist folgende: Nehmen wir an, daß ein Flugzeug eine Eigengeschwindigkeit von 100 km pro Stunde hat, daß es aber nur imstande ist, flugfähig zu bleiben, solange diese Eigengeschwindigkeit größer ist als 70 km. Wenn also aus irgendeinem Grunde, z. B. Versagen des Motors, die Eigengeschwindigkeit unter 70 km pro Stunde sinkt, so muß es herunterfallen, bzw. zum Gleitflug übergehen, weil seine Tragfähigkeit ja nur auf der horizontalen Eigengeschwindigkeit beruht.

Nehmen wir weiter an, ein solches Flugzeug würde gegen einen Wind von 45 km Stundengeschwindigkeit antliegen. Bekanntlich wird dadurch seine Geschwindigkeit gegen die Erde um ebensoviel vermindert, so daß es also nur noch eine Reisegeschwindigkeit von 55 km in der Stunde hat. Wenn dieses Flugzeug jetzt eine solche Luftschichtung von oben nach unten passiert und unter ihr in eine Luftmasse kommt, die still zur Erde steht (Fig. 26), was geschieht dann? Da die Maschine zunächst ihre Geschwindigkeit zur Erde, die also 55 km betrug, nach dem Gesetz der Trägheit eine Zeitlang beibehält, so ist ihre Eigengeschwindigkeit gegen die umgebende Luft plötzlich von 100 auf 55 km gesunken, was zur Folge hat, daß die Maschine keine Tragkraft mehr besitzt und durchsacken muß, bis sie im Gleitfluge oder durch die Propellerwirkung auf eine erhöhte Eigengeschwindigkeit gebracht wird. Rechnet man dazu, daß der Flieger, durch den

plötzlichen Absturz des Flugzeugs ohne ersichtlichen Grund überrascht, die Herrschaft darüber auf einige Sekunden verliert, so
kann man sich erklären, daß durch derartige Schichtungen häufig
Unglücksfälle hervorgerufen werden, besonders wenn der Flieger
sich nicht hoch genug befand, um während des Absturzes die
nötige Eigengeschwindigkeit wieder zu erlangen. Diese eben
beschriebene Wirkung ist um so größer, je schwerer das Flugzeug,
um so kleiner, je stärker der Motor ist. Bei den heute verwandten
starken Motoren kommt es wohl kaum zum Absturz, sondern nur zu

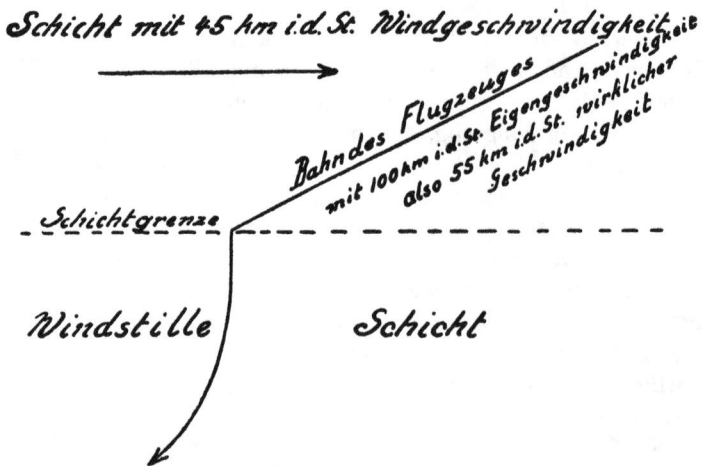

Fig. 26. Entstehung eines sog. Luftloches durch Luftschichtung.

vorübergehendem Nachlassen der Steuerfähigkeit, höchstens zu
etwas unbehaglichem Durchsacken. Auch erreicht der Windsprung wohl nur in ganz seltenen Ausnahmefällen den in obigem
Beispiel angenommenen Betrag. Größere Unterschiede als 6 m
pro Sek., das sind rd. 20 km in der Stunde beim Passieren einer
100 m mächtigen Übergangsschicht, sind wohl kaum beobachtet.
Es gibt eine Möglichkeit, sich gegen diese als »Luftlöcher«
bezeichneten Wirkungen der Luftschichtung zu sichern. Einerseits muß man sich vor dem Fluge durch einen Pilotballonaufstieg
Kenntnis verschaffen, ob und in welcher Höhe solche
Windsprünge vorkommen. Vermeiden kann man den soeben

beschriebenen Effekt der Luftschichtung dann dadurch, daß man stets, wo man solche vermuten muß, in der Windrichtung fliegt, bis die Schichtung passiert ist. Der Windsprung äußert sich dann nur als Stoß von vorn.

Durchbricht ein Flugzeug beim Aufsteigen eine Schichtung, so macht letztere sich verschieden bemerkbar, je nachdem ob das Flugzeug mit oder gegen die obere Windrichtung aufsteigt (s. Fig. 27). Steigt es mit dem oberen Wind (Fall a) auf, so kommt es beim Durchbrechen der Schichtung in schnellere Strömung, es hat also vorübergehend geringere Relativgeschwindigkeit und daher verminderte Steigkraft. Der Flieger muß also in die Tiefe steuern, fällt dann in die alte Schicht zurück und muß von neuem

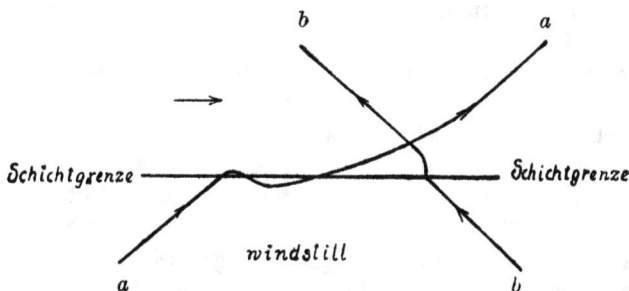

Fig. 27. Aufstiegskurve eines Flugzeuges in der Nähe einer Schichtgrenze.

mit geringerer Neigung die Schichtung zu durchbrechen versuchen. Oft gelingt es durch einen energischen Steuerausschlag, das Flugzeug in die neue Schicht zu werfen und darin zu halten. Sonst muß man eine Kurve beschreiben und gegen den oberen Wind fliegen (Fall b). In diesem Fall gelingt der Durchbruch mühelos, weil das Flugzeug durch den stärkeren Gegenwind vorübergehend an Steigfähigkeit gewinnt.

Es ergibt sich also die praktische Regel: Falls das Flugzeug über eine bestimmte Höhe nicht hinüberzubringen ist, versuche man es einmal von der entgegengesetzten Richtung; oft ist eine Luftschichtung daran schuld.

5. Turbulenz der Luft.

Bei aerodynamischen Überlegungen pflegt man sich die Luftbewegung so vorzustellen, als ob jedes Teilchen gradlinige, gleichmäßige und den Nachbarteilchen parallele Bahnen beschreibt. In der Atmosphäre bewegt sich aber das Luftteilchen ganz anders: es beschreibt Wirbel und Bogen, strömt auf und ab, meist vorwärts, bisweilen aber auch rückwärts, bald schnell, bald langsam. Diese Bewegung nennt man im Gegensatz zu der vorher skizzierten »laminaren« Bewegung »Turbulenz«. Von dieser Turbulenz der Luft kann man sich überzeugen, wenn man die Rauchsäulen, die von einem Kamin ausgehen, aufmerksam betrachtet; besser vielleicht noch, wenn man, wie Professor Hergesell es vorgeschlagen hat, einen gefesselten Gummiballon aufsteigen läßt und dessen Zug mittels einer Federwage verfolgt. Eine sehr gute Vorstellung von dieser turbulenten Bewegung bekommt man auch aus den Registrierungen der Stauanemographen, wie sie in den Fig. 28 und 29 wiedergegeben sind.

Die wissenschaftliche Meteorologie hat sich erst in den letzten Jahren dieser »inneren Struktur« des Windes angenommen und dabei schon einige praktisch brauchbare Ergebnisse sichergestellt. Bezeichnet man die Turbulenz oder Böigkeit nahe der Erdoberfläche bis zu 150 m mit 100, so ergab sie sich nach Beobachtungen in England in 300 m nur noch als 50, in 600 m nur noch als 43 und in 1200 m als 26. Andere Registrierungen zeigten, daß während der Wind von 10 auf 30 m Höhe um 19% zunahm, die Böigkeit sich um 27% verminderte. Die Turbulenz ist also in der Nähe des Erdbodens am größten und nimmt mit der Höhe schnell ab. Man konnte ferner beobachten, daß die Unruhe des Windes ihren größten Betrag in den Mittagsstunden erreicht und bei klarem Wetter in den Abendstunden einer völlig gleichmäßigen, fast laminaren Bewegung Platz macht, wie das Fig. 29 deutlich erkennen läßt. Aus alledem muß man den Schluß ziehen, daß die Luftunruhe durch die Erwärmung des Erdbodens durch die Sonnenstrahlung und durch die Reibung der Luft an der Erdoberfläche hervorgerufen wird. Begünstigt wird sie durch schnelle Temperaturabnahme mit der Höhe. Die pflegt in unsern Gegenden bei nordwestlichen und nördlichen Winden am größten zu sein. Infolgedessen stehen diese bei Fliegern in schlechtem Rufe. Die soeben behandelten Sperrschichten anderseits, in denen warme Luft über kalter ruht, bringen die Unruhe fast ganz zum Stillstand.

Auf der Leeseite von Bergen und Wäldern bemerkt man deutlich eine gesteigerte Turbulenz, während die Luvseite ruhiger

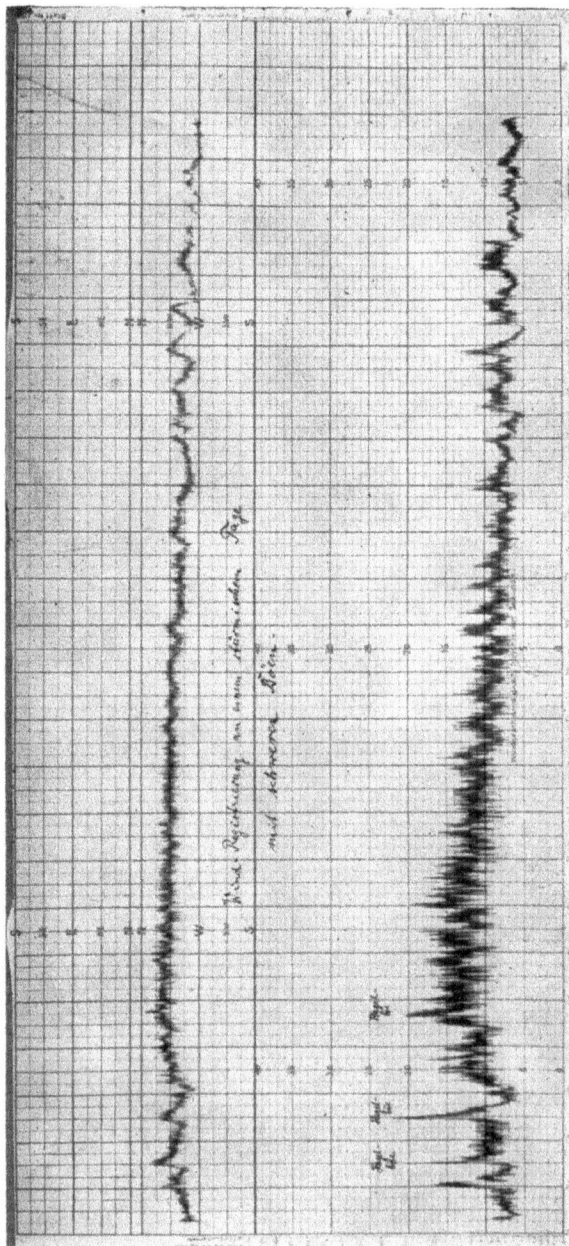

Wind-
richtung

Wind-
geschwin-
digkeit

Fig. 28. Turbulenz der Luft bei stürmischem, trübem Wetter.

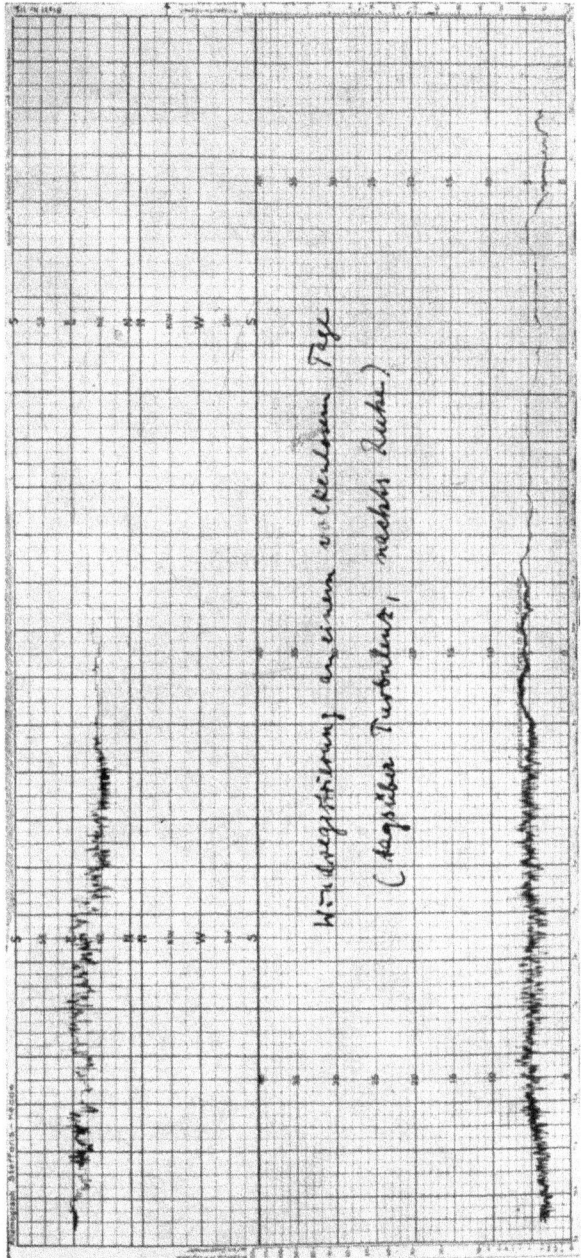

Wind-
richtung

Wind-
geschwin-
digkeit

Mitter-
nacht

Fig. 29. Turbulenz der Luft bei heiterem Wetter.
(Vergleiche den Unterschied zwischen Tag und Nacht.)

zu sein scheint. Die Turbulenz der Leeseite macht sich in um so größerer Entfernung vom Berge noch bemerkbar, je stärker der Wind ist.

Ob auch in der freien Atmosphäre Quellen der Turbulenz vorhanden sind, ließ sich noch nicht mit Sicherheit feststellen. Jedoch wird innerhalb und an den Grenzen von Wolkenschichten eine verstärkte Unruhe wahrgenommen, die schon allein deswegen auftreten muß, weil in Wolken schon bei geringer Temperaturabnahme mit der Höhe ein labilerer Gleichgewichtszustand auftritt als in trockener Luft. Dazu kommt, daß in Wolken die Luftunruhe vom Flieger aus psychologischen Gründen viel schwerer empfunden wird.

Während der Nacht wird die innere Unruhe der Luft nicht nur an der Erdoberfläche, sondern auch in größeren Höhen vermindert; oben wahrscheinlich aber in geringerem Grade. Abends tritt die Beruhigung zunächst am Erdboden selbst ein und pflanzt sich langsam in die bodenfernen Luftschichten fort. Während der Dämmerung begegnet man jedoch häufig in der Nähe des Erdbodens vorübergehend einer größeren Unruhe als in größeren Höhen, was in diesem Falle wohl durch »Sonnenböen« infolge ungleichmäßiger Abkühlung des Erdbodens zu erklären ist.

Bei größerer Windgeschwindigkeit wird auch größere Böigkeit der Luft festgestellt. Der Wind schwankt dabei um seinen Mittelwert im Durchschnitt um 25 bis 30%. Noch größere Abweichungen sind nicht mehr als Turbulenz, sondern als Böen anzusprechen.

Von besonderer Wichtigkeit ist es, näheres über die periodische Dauer und die Amplitude der Turbulenzbewegungen zu erfahren. Jedoch liegen bisher nur vereinzelte Beobachtungen darüber vor. So hat Dr. Barkow in Potsdam die Dauer der wellenähnlichen Turbulenzbewegungen zwischen 5 und 17 Sekunden festgestellt. Die Schwingungen erreichten eine Amplitude zwischen 40 und 130 m. Die Windregistrierungen mittels Stauanemographen zeigen, daß innerhalb von wenigen Sekunden Schwankungen von mehreren Metern Windgeschwindigkeit vorkommen können. Genauere Untersuchungen auf diesem Gebiete sind dringend notwendig.

Wie wirkt nun solche Luftunruhe auf das Flugzeug und den Flieger ein? Dr. Kurt Wegener stellte die recht glaubhafte Behauptung auf, daß die Turbulenzbewegungen der Luft die Ausbildung der regelmäßigen Wirbel an den hinteren Enden der Tragflächen verhindern und daher den Widerstand verändern. Er schildert das Gefühl des Fliegers in turbulenter Luft sehr treffend, wenn er den Flug mit einer Fahrt über einen Sturzacker vergleicht. Bei steilen Gleitflügen bemerkt man die Unruhe nicht so, weil die Luft unter den Flügeln stark komprimiert ist und geringe Schwankungen nicht so viel ausmachen. Wegen der geringen Ausdehnung der wellenartigen Turbulenzbewegungen wird das Flugzeug ja stets von mehreren Luftschwankungen gleichzeitig getroffen, die sich teilweise wieder aufheben. Höchstens bemerkt man ein schwaches Zittern der Maschine. Beim Start jedoch, ehe das Flugzeug die nötige Geschwindigkeit erreicht, können solche Turbulenzbewegungen am Erdboden dem Flugzeug viel unangenehmer werden, weil die Luftstöße oft nur einen Flügel treffen. — Nach Möglichkeit soll man diesen Turbulenzbewegungen dadurch entgehen, daß man die untersten Bodenschichten meidet, also mehrere hundert Meter hoch fliegt.

Mittels dieser Turbulenzbewegungen der Luft erklärt man den Segelflug der Vögel und glaubt, daß Geschick oder Erfahrung den Vogel befähigen, über die abwärts gerichteten Zweige der Luftbewegungen schnell hinwegzufliegen, die aufwärts gerichteten hingegen zur Entlastung der Flügeltätigkeit auszunutzen. Ob es jemals gelingen wird, den menschlichen Flug bis zu dieser Vervollkommnung weiterzuentwickeln, läßt sich nicht ermessen.

In folgender Aufstellung soll das über Böigkeit und Turbulenz der Luft Gesagte noch einmal zusammengefaßt werden.

Böigkeit und Turbulenz sind

am größten	am schwächsten
um Mittag	vor Sonnenaufgang
im Frühjahr und Frühsommer	im Herbst
auf der Rückseite eines Tiefdruckgebietes	auf der Vorderseite eines Tiefdruckgebietes
bei Nord- und Nordwestwind	bei Süd- und Südostwind
bei starker Temperaturabnahme mit der Höhe	in der Nähe von Sperrschichten
bei großen Windunterschieden zwischen oben und unten	bei geringen Windunterschieden

6. Wolken.

Flüge über den Wolken gehören heute nicht mehr zu den
Seltenheiten. Der Flieger entschließt sich jedoch nur ungern zu
Wolkenflügen, weil er ohne Sicht der Erde das Gleichgewichts-
gefühl mehr oder weniger verliert und die in Wolken ohnehin ge-
steigerte Turbulenz deswegen um so unangenehmer empfindet.
Dauernde Beobachtung des Kompasses, eines der Längsachse des

Aufnahme des Meteor.-Magn. Observatoriums Potsdam.

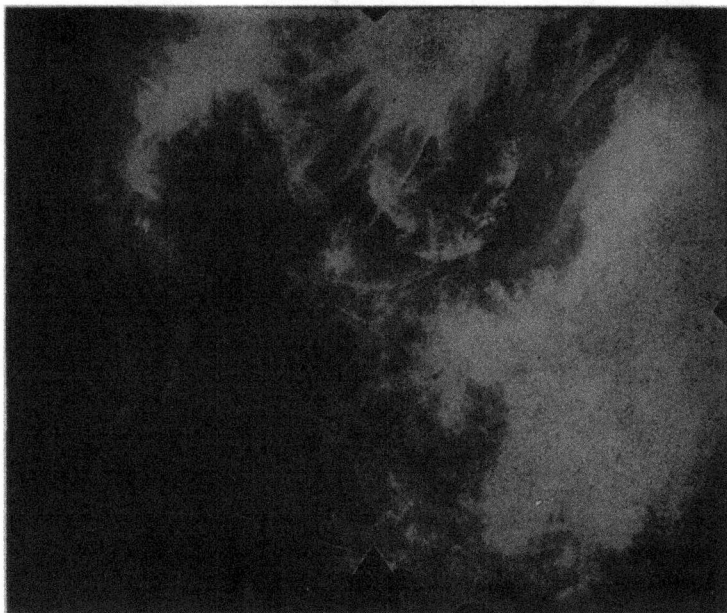

Wolkenbild I. Federwolken.

Flugzeuges parallel gestellten Neigungsmessers sowie eines Anemometers wirken beruhigend und sind daher zu empfehlen. An
der oberen Grenze von Wolkenschichten hört die Luftunruhe zumeist
plötzlich auf, zumal wenn es sich um die im Sommer tagsüber entstandenen Haufenwolken handelt. Es kann deshalb der Rat erteilt
werden, möglichst die Wolken zu durchbrechen und über ihnen
zu fliegen, was allerdings ohnehin schon jeder Flieger aus rein
psychologischen Gründen anstreben wird.

Schon vor Antritt eines Fluges ist es von Wichtigkeit, aus der Form einer Wolke auf die Luftströmungen in ihr und in ihrer

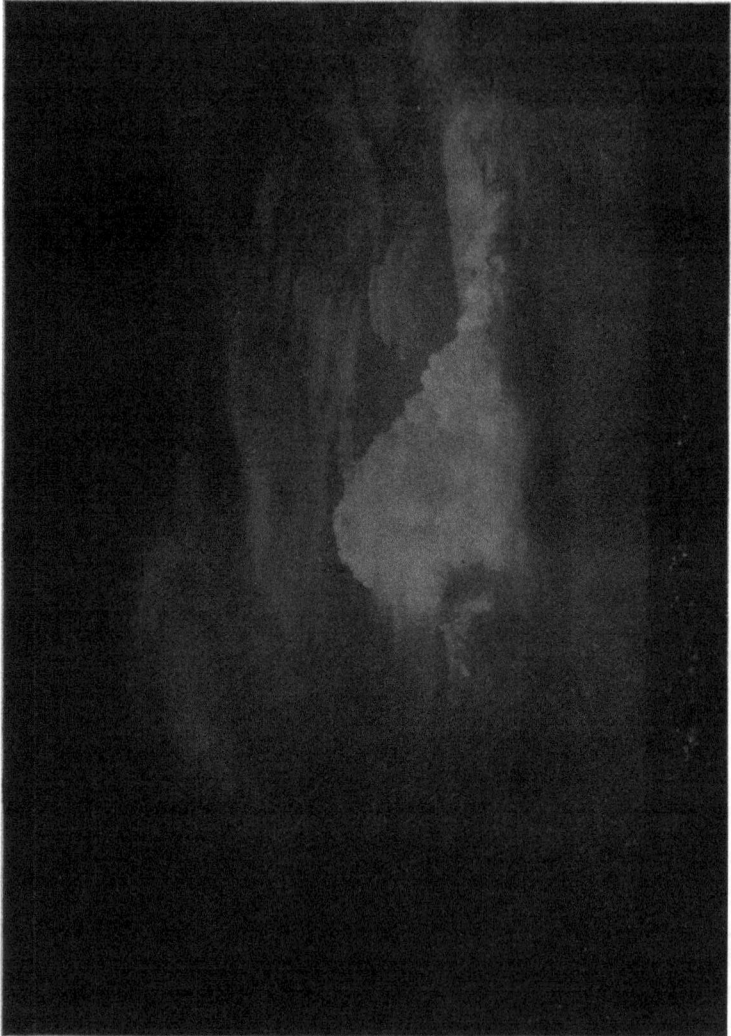

Aufnahme des Meteor.-Magn. Observatoriums Potsdam.

Wolkenbild II. Haufenwolke aus Schichtwolken.

Umgebung zu schließen. Hier können mangels ungenügender Erfahrung nur einige allgemeine Angaben gemacht werden: Gleichmäßige Wolkenschichten kommen nur in gleichmäßig strömender Luft vor; je zerrissener das Gewölk, je phantastischer die äußere

Aufnahme des Meteor.-Magn. Observatoriums Potsdam.

Wolkenbild III. Wogenwolken.

Form, um so verwickelter ist der Strömungsvorgang, der der Entstehung zugrunde liegt. Besonders achte man darauf, ob die Wolken-

Aufnahme des Meteor.-Magn. Observatoriums Potsdam.

Wolkenbild IV. Gewitterwolke.

formen sich schnell verändern, wie das beispielsweise beim Gewitter der Fall ist. Das ist immer ein Beweis für eine atmosphärische Störung.

Man unterscheidet drei große Wolkenklassen: die Federwolken (Zirrus) sind die höchsten Wolken, über 6000 m; es sind
zarte, faserige oder federartige Gebilde (siehe Wolkenbild I).

Die Schichtwolke (Stratus) ist eine gleichmäßige Wolken-
form von geringer vertikaler, aber meist sehr großer horizontaler
Ausdehnung. Schichtwolken können sehr tief vorkommen (ge-
hobene Nebel), aber auch in großen Höhen als Cirro-stratus (siehe
Wolkenbild II). Neigt die Luftschicht zu Wogenbildungen, so
löst sich die Schichtwolke immer dort auf, wo die Luft herabsinkt,
während sich über dem aufsteigenden Ast der Luftwogen lange
Wolkenwülste bilden, die in gleichmäßigen Abständen von 300
bis 3000 m nebeneinander liegen. Diese nennt man dann »Wogenwolken«. Treten mehrere Wellensysteme auf, so bilden sich doppelt-
gewellte Wogenwolken, die sog. Schäfchenwolken. Sie sind also
stets ein Anzeichen für eine rhythmische Luftunruhe, die dem
Flieger jedoch zu Bedenken keinen Anlaß gibt (siehe Wolkenbild III).

Die Haufenwolke (Cumulus) ist die Wolke des aufsteigenden
Luftstromes, sie ist fast stets mit unruhiger Luft verbunden. Im
Sommer und um Mittag tritt sie am häufigsten auf. Wenn sich
über den hochschießenden Köpfen faserige Kappen oder ausge-
breitete Federwolken in Schichtform bilden, so wird die Haufenwolke zur Gewitterwolke (siehe Wolkenbild IV).

Die regenbringende Wolke nennt man Nimbus.

7. Böen, Gewitter und Tromben.

Die stärksten Störungen des Gleichgewichtszustandes der
Atmosphäre sind die Böen, Gewitter und Tromben; und zwar
nicht wegen der dabei auftretenden elektrischen Entladungen,
sondern hauptsächlich wegen der damit verbundenen stoßweisen
Luftbewegung, insbesondere in vertikaler Richtung.

Böen und Gewitter sind rein meteorologisch als ein und
dieselbe Störungsart zu betrachten. Sie unterscheiden sich nur
graduell.

Die meisten Böen und Gewitter können, was ihre Luftbewegung
anbetrifft, mit einer langen, dünnen Walze verglichen werden
die in einer Länge von oftmals vielen hundert Kilometern, aber bei
nur 10 bis 20 km Dicke, mit ziemlich gleichbleibender Richtung
über große Gebiete hinwegzieht. Die Luft ist dabei in einer scheinbar

walzenartig rotierenden Bewegung, aber nicht etwa so wie z. B. bei einer Straßenwalze, wo die Rotationsbewegung im oberen Teil in dem Sinne der Fortbewegung vor sich geht, sondern etwa so wie bei Straßenreinigungsmaschinen, welche sich in ihrem unteren Teile im Sinne der Fortbewegungsrichtung bewegen, im oberen aber entgegengesetzt (siehe Fig. 30).

Aus diesem Vergleich ersieht man, daß die Luft v o r der Böe im Aufsteigen und hinter der Böe im Absteigen begriffen ist. Ferner daß sie am Erdboden besonders schnell nach derjenigen Richtung hinfließen muß, wohin die Böe zieht. In ihrem unteren Teil ist die Windstärke in Richtung des Böenzuges so stark, daß

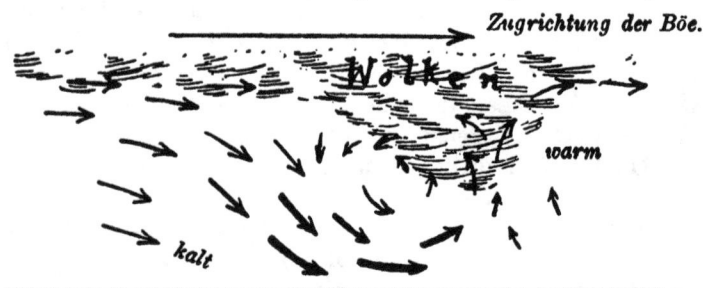

Fig. 30. Luftströmung in einer Böe.

Flugzeuge, die gegen eine Böe anfliegen, nur langsam vorwärtskommen. Wenn sie jedoch die Böenfront in möglichst großer Höhe durchqueren, so weichen sie diesem Gegenwind aus und werden nur durch Vertikalbewegungen und Niederschläge belästigt. Dr. W. Schmidt in Wien hat festgestellt, daß die Vertikalbewegungen etwa halb so stark wie die Horizontalgeschwindigkeiten sind, im Mittel vor der Böe 4 m pro Sek. aufwärts und hinter ihr 5½ m pro Sek. abwärts. Das sind Steig- oder Fallböen, die den Flieger recht belästigen können.

Äußerlich macht sich die Böe dadurch bemerkbar, daß sich eine Wolkenwand, die von der Erde aus schwarz aussieht, heranbewegt, so daß der Himmel ein drohendes Aussehen bekommt. Von großer Höhe aus sehen diese Wolken jedoch weiß aus mit turmartigen Erhebungen. Über der Böe befindet sich gewöhnlich eine dünne Schicht dicht verfilzter Federwolken, »Gewitterzirren« (siehe Wolkenbild III).

Die Böe wird zumeist durch einen Einbruch kalter Luft hervorgerufen. Da, wo die kalte Luft sich unter die warme schiebt und
sie emporwirft, bildet sich das Wolken- und Windsystem aus, das
man Böe nennt. Gefördert wird ihre Entwicklung durch die ungleichmäßigen Temperaturen an der Erdoberfläche, welche durch die
schon in einem vorigen Abschnitt behandelte ungleichmäßige Wirkung der Sonnenstrahlung entstehen können. Aus diesem Grunde

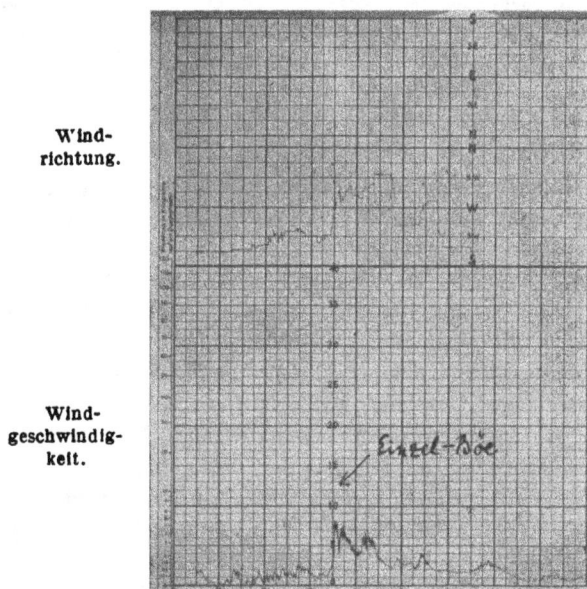

Fig. 31. Registrierung einer Böe durch den Anemographon Steffens-Hedde.

entstehen die Böen und Gewitter hauptsächlich im Sommer und
um Mittag. Am seltensten sind sie in den frühen Morgenstunden.
Nach abends 5 Uhr entstehen keine neuen Sommergewitter mehr;
die bereits früher entstandenen verlaufen sich dann.

Der Flieger muß sich merken, daß die Luft in der Böe, besonders
aber dort, wo sich die Wolken bilden, sehr unregelmäßig und
stoßweise fließt. Ferner wird man gewöhnlich finden, daß die
Luft vor der Böe unten verhältnismäßig warm ist und ungünstig
zum Fliegen, während sich hinter der Böe ziemlich kalte stabile
Luft befindet. Beim Einsetzen einer Böe dreht der Wind in der
Regel plötzlich nach rechts, wie aus den Fig. 31 und auch 28

gut zu ersehen ist. Der Flieger sagt daher: Die Böen kommen von rechts (wenn man gegen den Wind fliegt).

Genau genommen ist eine jede größere Haufenwolke eine kleine Böe, wenn die Luftbewegung auch nicht immer ganz bis zur Erde herunterreicht.

Die Fortpflanzungs-Geschwindigkeit der Böen schwankt zwischen 20 und 80 km in der Stunde. Durchschnittlich beträgt sie etwa 40 km. Daraus geht hervor, daß ein Flugzeug, dessen Geschwindigkeit ja größer ist, einer Böe entfliehen und den nächsten Landungsplatz aufsuchen kann, zumal der Wind in der Zugrichtung der Böe weht.

Die Höhe, die diese Störungen erreichen können, ist sehr verschieden. Schwache Böen kann man vielleicht schon in 1000 m ohne Gefahr durchfliegen. Bei wirklichen Gewittern hingegen ist das Überfliegen stets gefährlich.

Über Flußtälern pflegt tagsüber die Erscheinungsform der Böen sich vorübergehend zu mildern. Man muß jedoch daran denken, daß sie in einigen Kilometern hinter dem Flußtal meist wieder in alter Kraft einsetzen.

Auf nebenstehender Karte (Fig. 32) sind die Meldungen von Gewittern eingetragen, welche an einem Septembertage des Jahres 1909, also während der Internationalen Luftschiffahrt-Ausstellung zu Frankfurt a. M., bei der dortigen Wetterdienststelle eingingen. Die großen Linien verbinden die Punkte, an denen das Gewitter zu der danebengeschriebenen Zeit, 1, 2, 3 Uhr usw. ausbrach. Man nennt diese Linien »Isobronten«. Die Karte lehrt, daß die Gewitterfront sich ziemlich gleichmäßig von Osten nach Westen weiterbewegte und zwar verhältnismäßig schnell. Diese Eigenschaft ermöglicht es, einen Gewitterwarnungsdienst zu organisieren, wie er im nächsten Kapitel beschrieben ist. —

Zuletzt sei noch kurz die Rede von einer in unseren Gegenden glücklicherweise sehr seltenen atmosphärischen Störung, die jedoch, weil sie der Luftschiffahrt sehr gefährlich werden kann, kurz beschrieben werden muß. Das sind Wirbel um eine vertikale Achse, wissenschaftlich »Tromben« genannt, wie sie Fig. 33 anzeigt, und die man auch mit Wasserhosen oder Sandhosen, in Amerika mit Tornados bezeichnet.

Solche Tromben treten bei denselben Wetterlagen auf wie die Gewitter, nämlich bei windstiller, schwüler, warmer Witterung,

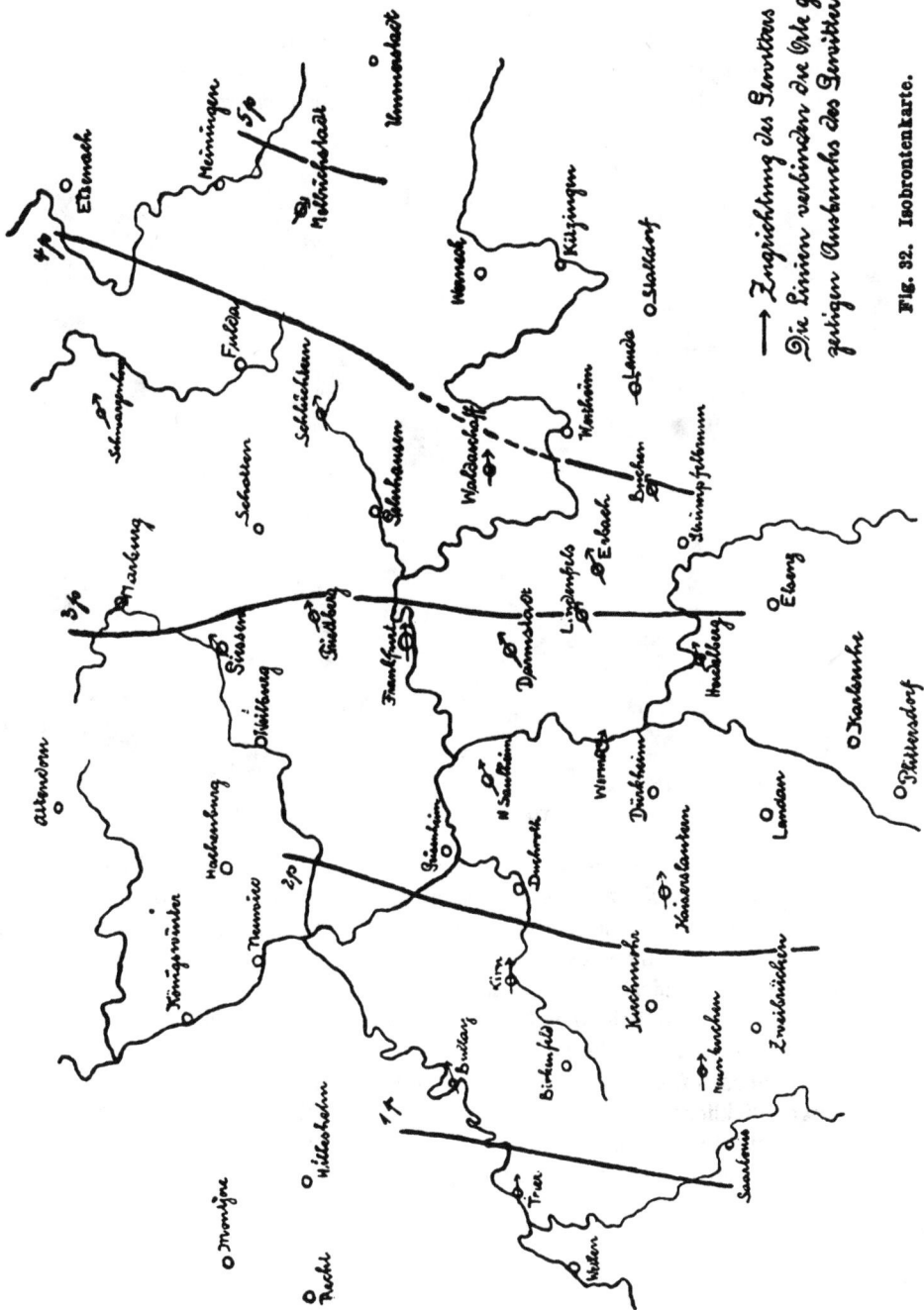

→ Zugrichtung des Gewitters
Die Linien verbinden die Orte gleich-
zeitigen Ausbruchs des Gewitters.

Fig. 32. Isobrontenkarte.

und zwar in der wärmeren Jahreszeit und der wärmeren Tageszeit. Die charakteristischste Vorbedingung ist das Bestehen
zweier entgegengesetzter Luftströmungen mit verschiedenen Temperaturen, z. B. einer kalten Nordwest- und einer warmen Südost-

Fig. 33. Trombe.

strömung (s. Wetterkarte e). An der Grenze dieser beiden Strömungen treten Tromben am meisten auf. Die Windgeschwindigkeit erreicht in ihnen eine außerordentliche Stärke, allerdings
immer nur auf einem Gebiet von ganz geringer Breite, wenn auch
oft einigen hundert Kilometern Länge. Die Geschwindigkeit der
Tromben ist ähnlich wie die der Gewitter, also verhältnismäßig
gering, so daß ein Flugzeug dem Wirbel ausweichen kann. Ein
Zusammentreffen einer Trombe mit einem Flugzeug hätte dessen
augenblicklichen Untergang zur Folge; die Luft würde ihm unter
den Flügeln weggenommen werden, es würde in der Luft zer-
brechen, eine Zeitlang mitgeschleppt werden und dann herabfallen.

Kapitel III.

Wetterkarte und Wetterdienst.

---

1. Die Luftströmungen in Hoch- und Tiefdruckgebieten.

Gegenden, in denen der Luftdruck geringer ist als in der
Nachbarschaft, sog. »Tiefdruckgebiete«, und auf der anderen Seite
Gegenden, in denen der Luftdruck höher ist als in der Umgebung,
sog. »Hochdruckgebiete«, weisen typische meteorologische Unterschiede auf, die dem Flieger unbedingt geläufig sein müssen.

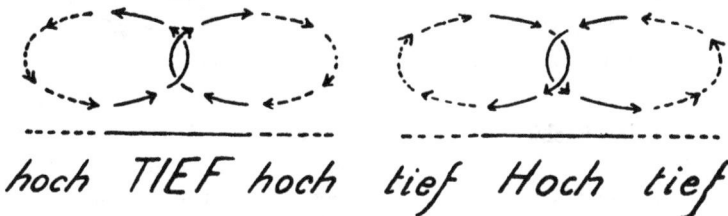

Fig. 34. Vertikalbewegungen in Tief- und Hochdruckgebieten.

In Hochdruckgebieten befindet sich die Luft in einer allmäh-
lichen Abwärtsbewegung, während in Tiefdruckgebieten die
Luft langsam in die Höhe steigt (Fig. 34). Dabei ist jedoch
zu beachten, daß die Luft außerdem in einer mehr oder weniger
starken horizontalen Bewegung ist. Diese setzt sich mit der vertikalen Bewegung derart zusammen, daß die Luftströmung unter
einem schwachen Neigungswinkel fließt, der in Tiefdruckgebieten
nach oben, in Hochdruckgebieten nach unten gerichtet ist. Dieser
Winkel kommt jedoch für die Tragfähigkeit des Flugzeugs kaum
in Betracht, er wird selten mehr als 1 oder 2° betragen.

Für die Witterungsverhältnisse ist dieses schwache Auf- oder Absteigen der Luft jedoch von ganz außerordentlicher Wichtigkeit, wie wir aus dem folgenden Abschnitt ersehen werden.

Von größerer praktischer Bedeutung sind die horizontalen Strömungen der Luft in den Hoch- und Tiefdruckgebieten. Sie geht aus der folgenden Fig. 35 hervor, welche zeigt, daß um ein Tiefdruckgebiet die Luft entgegengesetzt dem Sinne des Uhrzeigers herumfließt, in Hochdruckgebieten hingegen im Sinne des Uhrzeigers. Dabei strömt die Luft an der Erdoberfläche in Tiefdruckgebieten stets noch etwas nach innen,

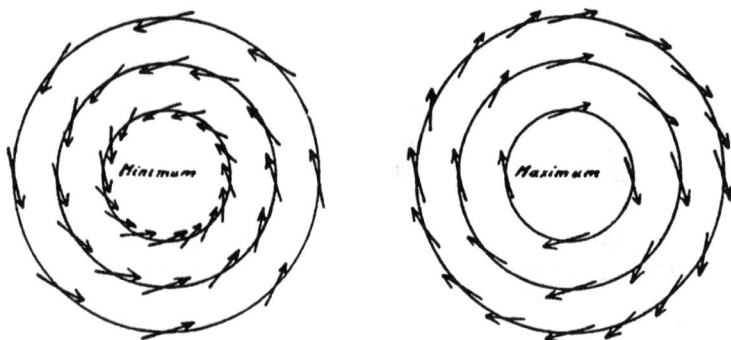

Fig. 35. Die horizontalen Luftströmungen am Erdboden in Tief- und Hochdruckgebieten.

in Hochdruckgebieten etwas nach außen. Dieses Ein- und Ausströmen der Luft geschieht jedoch nur in den untersten 1000 m. Darüber hinaus, ja meistens schon von 500 m ab, bewegt sich die Luft nur noch im Kreise um die Mitte herum. Die kreisrunden Linien, welche in der Fig. 35 gezogen sind, geben den Wert des Luftdrucks an, entsprechen also den Niveaulinien in den Landkarten. Sie heißen »Isobaren«. (Sie sind natürlich in Wirklichkeit nicht so regelmäßig kreisrund.) Es gilt dann das Gesetz: Die Luft mittlerer Höhen bewegt sich auf der Isobare, und zwar so, daß man den tiefen Druck links und den hohen Druck rechts hat. An diese Regel muß man denken, wenn man sich aus der später zu behandelnden Wetterkarte die herrschende Windrichtung herauslesen will.

Noch etwas anderes wollen wir aus der Fig. 35 entnehmen, nämlich daß man in der Gegend des höchsten und des tiefsten

Luftdrucks, also in dem Mittelpunkt der beiden Zirkulations-
gebiete, mit schnellem Windwechsel rechnen muß. Wenn man in
solchen Gegenden längere Flüge macht oder diese Luftwirbel
sich verschieben, so kann man leicht in den entgegengesetzten
Wind gelangen. Hingegen hat man gewöhnlich mit gleichmäßigen
Winden zu rechnen, wenn man sich mitten zwischen Hoch- und
Tiefdruckgebiet befindet.

Wenn die Isobaren nahe beieinander liegen, so ist das ein
Zeichen dafür, daß große Luftdruckunterschiede zwischen benach-
barten Gegenden bestehen. In diesem Falle wehen starke Winde.
Das findet man meistens im Tiefdruck. Bei weit voneinander
entfernt liegenden Isobaren, wie sie für Hochdruckgebiete charak-
teristisch sind, hat man nur mit schwachen Winden zu rechnen.

Im vorigen Kapitel wurde gezeigt, wie die Windstärke mit
der Höhe zunimmt. Diese Zunahme beschränkt sich in Tiefdruckgebieten fast ganz auf die untersten 500 m. Darüber ist sie nur
gering. In Hochdruckgebieten reicht die Windzunahme jedoch im
allgemeinen höher hinauf.

2. Die übrigen meteorologischen Elemente in Hoch- und Tiefdruckgebieten.

Es wurde schon festgestellt, daß die in Tiefdruckgebieten
herrschende schwache Aufwärtsbewegung der Luft und das in
Hochdruckgebieten herrschende Absteigen von ganz besonderer
Wichtigkeit für die Witterung sei. Luft, die im Aufsteigen begriffen ist, dehnt sich aus, weil sie in der Höhe unter geringeren
Druck kommt. Infolge der Ausdehnung muß sie sich aber nach
einem physikalischen Gesetz abkühlen, und infolge dieser Abkühlung verdichtet sich der in der Luft stets vorhandene Wasser-
dampf zu Wolken oder Niederschlag, weil kalte Luft nicht so viel
Feuchtigkeit in sich aufnehmen kann wie warme.

Umgekehrt ist es beim Absteigen der Luft. Diese erwärmt
sich, weil sie beim Absteigen unter höheren Druck kommt und
dabei zusammengepreßt wird. Wenn man Luft aber erwärmt,
so wird sie trockener.

Aus diesem Grunde muß im Tiefdruck (mit aufsteigender
Luft) Bewölkung und Regen herrschen, im Hochdruck
(mit absteigender Luft) aber heiteres Wetter.

5*

Man kann aber dieses Gesetz noch weiter ausdehnen und
sagen, daß überall da, wo Luft im Aufsteigen begriffen ist, die
Neigung zur Wolkenbildung oder zum Regnen verstärkt wird.
Wenn z. B. die Luft durch das Gelände gezwungen wird, berg-
auf zu fließen (Fig. 36), so bilden sich häufig auf der Luvseite des
Berges Wolken, auch wenn in der ganzen Umgegend sich sonst
keine befinden. Umgekehrt lösen sich auch bei trübem Himmel
die Wolken häufig auf, wenn der Wind hinter dem Berge wieder

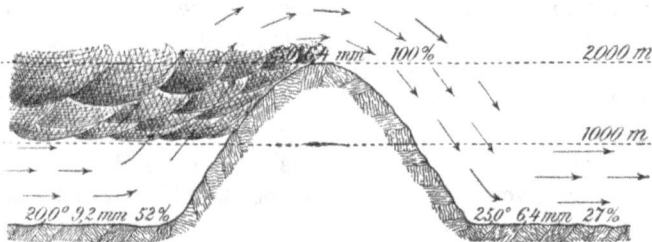

Fig. 36. Wolkenbildung auf der Windseite eines Berges.

stark nach unten strömt. Hierdurch ist es zu erklären, daß sich
gerade über den Bergspitzen zuerst die Wolken bilden. Häufig
sind diese Wolken dann ein Anzeichen dafür, daß auch in der
übrigen Luft allmählich Wolkenbildung eintreten wird. —

Die Bewölkungsverhältnisse sind deswegen von so großer Wichtigkeit, weil sich nach ihr die Temperaturverhältnisse an der Erde
richten. Bei heiterem Himmel kann die Sonne den Erdboden
kräftiger erwärmen, während sich anderseits nachts der Boden
durch Ausstrahlung stärker abkühlen kann; bei bewölktem Himmel
wird sowohl Ausstrahlung wie Einstrahlung verhindert oder stark
verringert, so daß es am Tage weniger warm und in der Nacht
weniger kalt wird.

Nun ist im vorigen Kapitel stets hervorgehoben, daß die
günstigsten Bedingungen zum Fliegen dann sind, wenn die Luft
an der Erdoberfläche möglichst kalt ist gegenüber der Luft höherer
Schichten, und daß umgekehrt eine starke Erwärmung der unteren
Schichten den Gleichgewichtszustand ungünstig beeinflußt. Hieraus in Verbindung mit dem soeben Gesagten folgt also, daß — bei
sonst gleichen Verhältnissen — bei Nacht heiteres Wetter,
bei Tage eine hohe Wolkendecke für den Flieger von
Vorteil ist.

Nun ist aber im Winter die Nacht länger als der Tag, und im Sommer überwiegt der Einfluß des Tages. Man kann daher im allgemeinen sagen, daß im Sommer die Luft in Hochdruckgebieten verhältnismäßig warm, in Tiefdruckgebieten kühl ist, während umgekehrt im Winter die Hochdruckgebiete Frost und die Tiefdruckgebiete mildes Wetter bringen.

Es gilt also für die meteorologischen Eigenschaften der Tief- und Hochdruckgebiete folgende Tabelle:

Tiefdruckgebiet	*Witterungselemente*	Hochdruckgebiet
trüb	*Bewölkung*	heiter
feucht	*Niederschläge*	trocken
windig	*Wind*	ruhig
Sommer kühl ⎫ Winter mild ⎭	*Temperatur*	⎧ Sommer warm ⎩ Winter kalt

Wenn man die Fig. 35 betrachtet, so sieht man, daß auf der Westseite eines Tiefdruckgebietes und auf der Ostseite eines Hoch-

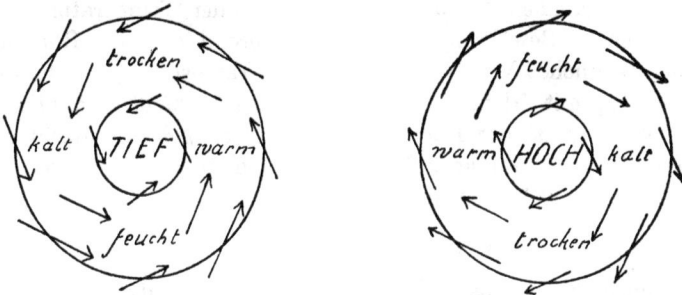

Fig. 37. Charakteristische Eigenschaften der einzelnen Quadranten der Tief- und Hochdruckgebiete.

druckgebietes stets Winde aus nördlichen Richtungen wehen, die also die kältere Luft nördlicher Gegenden zu uns herbeischaffen. Umgekehrt gibt es auf der Ostseite eines Tiefdruckgebietes und an der Westseite eines Hochdruckgebietes stets warme südliche Winde. In derselben Weise findet man, daß im südlichen Teil eines Tiefdruckgebietes und im nördlichen Teil des Hochdruckgebietes feuchte Seewinde aus Westen herrschen, die im Sommer

kühl, im Winter mild sind, und im nördlichenTeile eines Tiefdruckgebietes sowie im südlichen Teile eines Hochdruckgebietes haben
wir gewöhnlich trockene Ostwinde zu erwarten, die im Sommer
warmes, im Winter Frostwetter bringen. Auf Fig. 37 sind diese
Verhältnisse eingetragen.

Besonders interessant ist der Unterschied zwischen der Ost-
und Westseite eines Tiefdruckgebietes. Die erstere nennt man
auch noch die Vorderseite, die letztere die Rückseite des
Tiefs, weil die Tiefdruckgebiete fast immer von Westen nach
Osten ziehen. Kommen wir nun an die Vorderseite eines Tiefdruckgebietes, so tritt die warme südliche Luft zuerst in größeren
Höhen auf, weil oben die Windstärke bekanntlich größer ist.
Wir haben also einen günstigen Gleichgewichtszustand der Luft:
oben verhältnismäßig wärmer als unten. Auf der Rückseite ist
das entgegengesetzte der Fall: In höheren Schichten kühlt sich die
Luft eher und stärker ab als unten, sobald das Tief abgezogen ist.

Infolgedessen ist die Rückseite verhältnismäßig ungünstig zum Fliegen; sie enthält auch häufig Böen. Man
kann zusammenfassend sagen, daß auf der Vorderseite, bei gleichmäßigen südlichen Winden und zunehmender Temperatur, auch
zunehmende Bewölkung herrscht, während auf der Rückseite
böige nördliche Winde und fallende Temperatur, wechselnde
Bewölkung mit Niederschlägen in Schauern aufzutreten pflegen.

Die Ungunst der Rückseite des Tiefdruckgebietes macht sich
besonders im Frühjahr geltend, was dem Rückseitenwetter den
Namen »Aprilwetter« verschafft hat.

3. Die Wetterprognose.

Um eine Prognose für den folgenden Tag aufzustellen, muß
man nicht nur wissen, wie das Wetter in den verschiedenen Vierteln
der Hoch- und Tiefdruckgebiete sich zu gestalten pflegt, sondern
man muß auch wissen, wie die meteorologischen Erscheinungen
aufeinander folgen, wenn ein Tiefdruckgebiet vorüberzieht, und
welche Regeln den Verlagerungen dieser Luftdruckgebiete zugrunde
liegen. Wir können uns hierbei auf die Tiefdruckgebiete beschrän-
ken, weil in ihnen gewöhnlich der Anlaß zu den Veränderungen
liegt und weil ein Abrücken des Tiefdruckgebietes ja gleichzeitig
auch ein Heranziehen des Hochdruckgebietes bedeutet und
umgekehrt.

Zuerst wollen wir überlegen, welche Witterungserscheinungen einander folgen, wenn ein Tief von Westen nach Osten über den Standpunkt eines Beobachters hinwegzieht, und zwar, wie es in Deutschland gewöhnlich der Fall ist, so, daß das Zentrum nördlich von ihm bleibt: Die ersten Anzeichen für das Herannahen einer Depression sind die Zirruswolken, welche in hohen Schichten aus der Depression herauskommen und ihr nach Osten vorauseilen; sie machen sich nachts durch Mondringe, tags seltener durch Sonnenringe bemerkbar. Häufig ist die Luft auffallend durchsichtig, der Wind schwach, das Wetter im allgemeinen schwül.

Dann beginnt das Barometer allmählich zu fallen, ein frischer Wind, sich allmählich verstärkend, setzt aus Südosten oder Süden ein; er bringt auffallend warme Luft, besonders im Winter, mit sich. Die Wolken, welche zuerst in zarten Gebilden aufgetreten waren, verdichten sich schnell, und eine gleichmäßige Wolkendecke breitet sich über- dem Himmel aus; das Barometer fällt schneller, der Wind wird stärker und dreht allmählich nach Südwesten und Westen herum, und dabei setzt der Regen ein, der aus dunklen Wolken herabströmt.

Das Ganze dauert so lange, bis das Zentrum nördlich vorübergegangen ist und das Barometer seinen tiefsten Stand erreicht hat; dann ist der Wind nach Westen oder Nordwesten herumgegangen, und die Wolken lösen sich auf. Hier und da zeigt sich blauer Himmel, der Regen fällt nicht mehr ununterbrochen herunter, sondern nur noch in einzelnen Schauern, die mit Sonnenschein abwechseln. Die aufgetretenen Nordwestwinde kommen böig und ungleichmäßig und bringen kältere Luft mit; Zirruswolken sind gar nicht mehr vorhanden, nur noch einzelne zerrissene Haufenwolken (Cumuli) ziehen über den Himmel. Das ist die Rückseite des Tiefs. Folgt ihm ein neues, so dreht ziemlich schnell und plötzlich der Wind nach Süden zurück; wieder erscheinen Zirruswolken, und so wiederholt sich der ganze Vorgang.

Besonders zu beachten ist die Windrichtung beim Vorübergang eines Tiefs, welche zusammen mit dem Barometer am meisten geeignet ist, das Herannahen oder Abziehen der Tiefdruckgebiete erkennen zu lassen. Eine Drehung, wie wir sie eben besprochen haben, von Süden über Südwest nach West und Nordwest, also im Sinne der Drehung des Uhrzeiger, ist ein Zeichen für normalen Vorübergang eines Tiefdruckgebietes im Norden und zugleich ein Zeichen für Besserung der Witterung; während ein Zurückdrehen im entgegengesetzten Sinne des Uhrzeigers ein Beweis ist, daß das Tief südlich von uns vorüberziehen wird oder ein neues herannaht. —

Wenn früher auseinandergesetzt wurde, wie die Witterung in einer Gegend von der Luftdruckverteilung abhängig ist, so darf daraus keineswegs gefolgert werden, daß bei ein und derselben Luftdruckverteilung unter allen Umständen genau die gleiche Witterung eintreten müsse. Die Natur behält sich da noch einen ziemlich weiten Spielraum vor, indem sie auch bei verhältnismäßig gleichen Wetterlagen doch noch häufig ganz erhebliche Unterschiede entstehen läßt.

Sind wir jedoch imstande, die bevorstehende Luftdruckänderung aus irgendwelchen Gesetzen abzuleiten, so wird man mit sehr großer Sicherheit auch die Änderung der übrigen meteorologischen Elemente vorhersagen können. Die Frage, um die es sich immer wieder in der praktischen Meteorologie dreht, lautet: Wohin wird das Tief oder das Hoch sich bis morgen verlagern?

Es kann nicht die Aufgabe dieses Kapitels sein, die vielen einzelnen Gesichtspunkte, an welche der Wetterdienstleiter bei Beantwortung dieser Frage denken muß, hier ausführlich zu behandeln. Es sollen daher nur einige Regeln, welche allgemein anerkannt sind und in den meisten Fällen zutreffen, hier zusammengestellt werden:

1. Die Tiefdruckgebiete ziehen fast immer von West nach Ost. Im Sommer haben die Depressionen meist die Richtung von Südwest nach Nordost, im Winter kommen ziemlich häufig auch Zugrichtungen aus Nordwest nach Südost vor.

2. Ein Tiefdruckgebiet läßt auf seinem Zuge das Hochdruckgebiet und die hohe Temperatur zu seiner Rechten liegen.

3. Die Hochdruckgebiete haben Neigung, sich dorthin zu wenden, wo die Temperatur im Fallen, die Tiefdruckgebiete dorthin, wo sie im Steigen begriffen ist. Diese Regel gilt besonders im Winter.

4. Folgt einem vorübergezogenen Tiefdruckgebiet ein anderes nach, so schlägt es dieselbe oder eine parallele Bahn ein. Diese

Bahnen können aber auch langsamen Drehungen nach rechts oder links unterworfen sein.

5. Die Tiefs ziehen nach der Gegend geringsten Widerstandes, d. h. dorthin, wo die schwächsten Winde wehen.

6. Teiltiefs bewegen sich in der allgemeinen Richtung der Isobaren, also zwischen Tief- und Hochdruckgebiet hindurch. — Wie soll sich nun in der Praxis der Flieger zur Wetterprognose verhalten? Soll er sich gänzlich auf die Wetterdienststelle verlassen oder sich seine Wetterprognose jedesmal selbst stellen? — Da scheint mir folgender Rat am richtigsten zu sein: Die allgemeine Prognose über den Weiterverlauf der Witterung, die Verlagerung und Veränderung der Tief- und Hochdruckgebiete, möge der Luftfahrer allein dem Meteorologen von Fach überlassen und die in den Wetterkarten als voraussichtlich angegebene Veränderung der Wetterlage als richtig annehmen, solange er nicht durch das Verhalten der Witterungselemente Beweise vom Gegenteil erhalten hat. Wenn aber z. B. von einer im Westen liegenden Depression in der Prognose angenommen wird, daß sie nach Norden abziehen würde, es zeigen sich jedoch im Laufe desselben Tages noch deutliche Anzeichen dafür, daß diese Depression herannaht (Zirruswolken, Fallen des Barometers, Winddrehung usw.), so ist natürlich den weiteren Erwägungen des Fliegers die dadurch erkannte Tatsache als richtig zugrunde zu legen. Im allgemeinen aber möge man der amtlichen Prognose volles Vertrauen schenken.

Auf Grund dieser Prognose über die allgemeine Veränderung der Wetterlage, d. h. die gegenseitige Lage der barometrischen Hoch- und Tiefdruckgebiete, soll nun der Flieger sich seine Spezialprognose aufstellen, er soll also selbst die Richtung, in welcher in den verschiedenen Höhenlagen die Luft fließen wird, vorausberechnen und ebenfalls die zu erwartenden Geschwindigkeiten. Er soll sich selbst ein Urteil darüber bilden, ob starke vertikale Luftschwankungen zu erwarten sind oder nicht. Gerade auf diese beiden Punkte, welche für den Luftfahrer bei weitem die wichtigsten sind, wird nämlich in der Prognose des öffentlichen Wetterdienstes am wenigsten Gewicht gelegt, weil die Luftbewegungen — abgesehen von der Schiffahrt — für die übrige Bevölkerung von geringem Interesse sind, und die Wetterdienstleiter hauptsächlich auf die Niederschlag- und Temperaturverhältnisse ihr Augenmerk richten müssen. Diese beiden meteorologischen Elemente sind jedoch gerade für den Flieger von geringer Bedeutung. —

Es sollen hier einige der gebräuchlichsten Wetterregeln, die sich auf die Wetterveränderungen der nächsten Stunden beziehen, zusammengestellt werden. Doch darf man nicht vergessen, daß. meteorologische. Regeln keine physikalischen Gesetze sind, sondern nur Wahrscheinlichkeiten zum Ausdruck bringen:

1. Wenn der Luftdruck sinkt, wird das Wetter schlechter, steigt er, so wird es besser. (Dabei ist zu beachten, daß an klaren Tagen ein schwacher Luftdruckfall um Mittag nicht als ungünstig angesehen werden darf.)

2. Wenn eine längere Hochdruckperiode geherrscht hat, kann das Barometer mehrere Tage fallen, ehe es zu regnen beginnt.

3. Solange nur eine einzige Wolkenart am Himmel ist, regnet es nicht.

4. Wenn die Haufenwolken flache Formen haben, bleibt das Wetter gut; wölben sie sich aber stark nach oben, so droht Gewitter oder Regen.

5. Ein Gewitter kommt nicht eher zum Ausbruch, ehe nicht über den Haufenwolken eigenartige Feder-Schichtwolken (Gewitterzirren) auftreten. Bisweilen sind sie allerdings durch die tieferen Wolken verdeckt.

6. Zunehmende Bewölkung nachts und am frühen Vormittag ist ein Anzeichen für Regen; nicht jedoch, wenn sie in den Mittagsstunden eintritt.

7. Wenn Bewölkung tagsüber verschwindet, ist heiteres, trockenes Wetter wahrscheinlich; Aufklaren in den Abendstunden ist oft nur vorübergehend.

8. Federwolken, die schnell aus westlichen Richtungen ziehen, sind Vorboten trüben Wetters; stillstehende und aus Osten ziehende Federwolken nennt man mit Recht »Schönwetterzirren«.

9. Schnelles Steigen des Barometers und plötzliches Aufklaren nach Vorübergang eines Tiefs sind trügerisch und lassen auf baldige erneute Trübung schließen.

10. Wenn bei gutem Wetter abends Kirchenglocken und andere Geräusche aus westlichen Gegenden auffallend gut hörbar sind, steht ein Wetterumschlag bevor.

11. Im Winter ist plötzlich eintretende milde Luft ein Zeichen
für bevorstehendes trübes und stürmisches Wetter.

12. Aufkommender Wind aus südlichen oder südwestlichen
Richtungen kündet schlechtes Wetter an.

Diese Wetterregeln gelten jedoch nur für die Veränderungen
in den nächsten Stunden, höchstens für einen halben Tag. Will man
weiterreichende Vorhersagen aufstellen, muß man auf die Luftdruckverteilung zurückgreifen. Um aber die Befähigung für eine
solche Prognose zu erlangen, dazu bedarf es einer gewissen Übung.
Man muß möglichst häufig die Wetterkarte betrachten, um
durch Vergleichung des Kartenbildes mit dem augenblicklichen
Wetter und den eintretenden Veränderungen ein gewisses
Gefühl für den Zusammenhang zu bekommen. Auf diese Wetterkarte soll nun im folgenden noch näher eingegangen werden.

4. Die Wetterkarte.

Die Wetterkarte hat den Zweck, eine schnelle Übersicht
über die Wetterlage in einem bestimmten Augenblick zu geben
und Schlüsse auf die zu erwartenden Veränderungen zu erleichtern.

Es sind hier die Werte der meteorologischen Elemente, wie
sie um 8 Uhr vormittags beobachtet werden, in Form von Zeichen,
Zahlen und Kurven eingetragen: Jede Station ist durch einen
Kreis bezeichnet, welcher je nach dem Maße der Bewölkung
weiß bleibt oder ¼, ½, ¾ oder ganz ausgefüllt wird. Es bedeutet:

○ Der Himmel ist wolkenlos (oder klar).
◐ Der Himmel ist zu einem Viertel bedeckt oder heiter.
◑ Der Himmel ist halb bedeckt.
◕ Der Himmel ist zu drei Vierteln bedeckt oder wolkig.
● Der Himmel ist ganz bedeckt.

Wenn während der Beobachtung Niederschläge fallen
oder besondere Himmelserscheinungen sichtbar sind, so wird
auch das durch ein entsprechendes Zeichen angedeutet. Es
bedeutet:

● Regen, ✳ Schnee, ∞ Dunst, ≡ Nebel, ⊓ Gewitter.

Die Temperatur wird in Celsius-Graden daneben geschrieben. Vielfach wird auch der in den letzten 24 Stunden
gefallene Niederschlag durch eine neben dem Stations-

6*

kreis stehende kleinere und unterstrichene Zahl angegeben, und zwar in Litern pro qm, oder, was dasselbe sagen will, in mm Regenhöhe. Ist der Niederschlag in Form von Schnee gefallen, so wird der Schnee getaut, und die Zahl deutet an, wie hoch die entsprechende Regenhöhe geweßen wäre.

Der Wind wird in Form von Pfeilen, die mit den Winden fliegen und deren Spitze in der Station selbst liegt, ausgedrückt. Die Richtung, aus welcher der Pfeil auf die Station zufliegt, ist die Windrichtung, z. B. ⚹ Nord, ⚹ Südsüdwest. Herrscht Windstille, so wird ein konzentrischer Kreis um den Stationskreis herumgezeichnet ◎. Die Stärke des Windes wird durch Federn am Windpfeil angedeutet. Ein kleiner Strich bedeutet Windstärke 1 der Beaufortskala (s. S. 23.), ein längerer Strich Windstärke 2, zwei lange Striche Windstärke 4 usw. bis Windstärke 9. Das ist die größte Windstärke, welche in die Wetterkarte aufgenommen wird.

Der Luftdruck, von dessen Verteilung — wie wir gesehen haben — das Wetter hauptsächlich abhängt, wird nicht in Form von Zahlen oder Zeichen, sondern durch Linien gleichen Luftdruckes, die sog. Isobaren, dargestellt. Diese Linien verbinden diejenigen Punkte miteinander, an denen der Luftdruck gleich hoch ist. Sie gleichen also den Höhenlinien auf den Landkarten, und man muß sich von vornherein daran gewöhnen, die Wetterkarte plastisch zu betrachten: Die Hochdruckgebiete als Erhebungen und die Tiefs als trichterförmige Vertiefungen. Dann wird man den Vorteil der Isobaren, die Verteilung des Druckes schnell zu überblicken, bald gewahr werden.

Auf den Wetterkarten sieht man häufig, daß die Isobaren an einigen Stellen kleinere oder größere Ausbuchtungen und Unregelmäßigkeiten zeigen, welche gewöhnlich mit tief (in kleinen Buchstaben) oder einfach mit **T** bezeichnet sind. Das sind sekundäre Tiefdruckgebiete, »Teiltiefs«, welche sich zwischen Hoch- und Tiefdruckgebieten, am Rande der Haupttiefs bilden und daher auch »Randtiefs« genannt werden. Diese Gebilde sind sehr wichtig, besonders für die Luftfahrt, weil sie stets mit Regenschauern und Windsprüngen, oft auch mit Böen und sogar Gewittern verknüpft sind. Sie bewegen sich immer mit der allgemeinen Windrichtung, also links um die Haupttiefs herum oder rechts herum um die Hochdruckgebiete. —

Die Wetterkarte wird dem Anfänger vielleicht zunächst Schwierigkeiten machen. Hat man sich aber einmal die Zeichen gemerkt und in das Wesen der Isobaren hineingedacht, so gehört nur noch etwas Übung dazu, um sie mit Nutzen verwenden zu können.

Einige kleine Hinweise werden für das erste Studium von Nutzen sein:

Zunächst sucht man die Hoch- und Tiefdruckgebiete auf, welche die Wetterlage der betreffenden Gegend beherrschen und bestimmt die Richtung der längs der Isobaren erfolgenden allgemeinen Luftströmung in größeren Höhen (diese erfolgt so, daß das Tief links, das Hoch rechts liegen bleibt). Mit dieser oberen Windrichtung vergleicht man die auf der Wetterkarte eingetragene Windrichtung an der Erdoberfläche und ersieht schon daraus, ob Rechtsdrehung oder Linksdrehung beim Aufstieg zu erwarten ist.

Dann achtet man darauf, wie nahe die im Abstand von 5 zu 5 mm gezogenen Isobaren einander liegen. Sind sehr viele auf der Wetterkarte, so ist starker Wind zu erwarten; sind es aber auffallend wenig, nur zwei oder drei, so ist der Wind schwach und dann sehr unregelmäßig und besonders am Erdboden ganz abhängig von Berg und Tal und Flußläufen.

Drittens sehe man sich den Verlauf der Isobaren an. Sind sie glatt und einander gut parallel, ohne Einbuchtungen und Unregelmäßigkeiten, so ist ruhige und gleichmäßige Luftströmung zu erwarten. Ist der Verlauf aber gewunden mit scharfen Knicken und unregelmäßigen Bögen, so bedeutet das Böengefahr, bei bestimmten Bedingungen sogar Gewitter. —

Wir wollen nunmehr zum Studium der Wetterkarte verschiedene Beispiele von Wetterlagen durchsprechen und dabei überlegen, welche Schlüsse der Luftfahrer daraus hätte ziehen müssen.

a) **Wetterkarte vom 19. Mai 1909.** Ein Tiefdruckgebiet liegt über den nördlichen Teilen der Ostsee und erstreckt seinen Bereich im Süden bis nach den deutschen Ostseeküsten hin. Ein Hochdruckgebiet bedeckt den europäischen Kontinent. Wir erkennen die Luftzirkulation um das Tiefdruckgebiet sowohl wie um das Hochdruckgebiet herum, im ersteren Falle gegen den Sinn der Bewegung des Uhrzeigers, im zweiten mit demselben. Mit der Theorie stimmt es überein, daß (es ist Sommer) das Tiefdruckgebiet kühler ist als das Hochdruckgebiet, im Hochdruckgebiet heiteres Wetter herrscht, während es im Tiefdruckgebiet wolkig ist und Regen fällt, daß

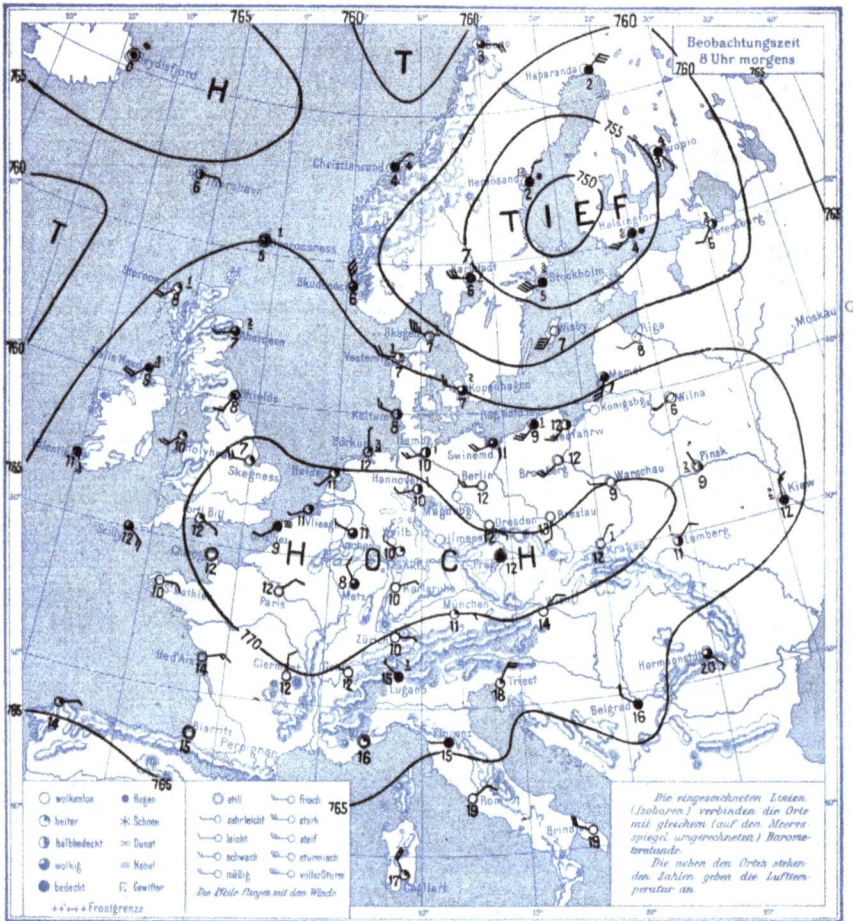

Wetterkarte a. Hochdruck und Tiefdruck.

ferner die Winde im Hochdruckgebiet nur schwach wehen, während im Tiefdruckgebiet teilweise stürmisches Wetter herrscht. Das über den ganzen Kontinent herrschende windschwache Hochdruckwetter ist für den Luftsport natürlich sehr geeignet. Der glatte

Verlauf der Isobaren zeigt, daß Böengefahr nicht vorhanden ist.

Eine für die zukünftige Entwicklung des Flugwesens sehr wichtige Frage wollen wir hier aufwerfen, nämlich wie man sich die Luftströmungen bei größeren Flügen zunutze machen kann. Angenommen, man wollte von Petersburg nach Stockholm fliegen. Auf dem direkten Wege bekäme man schätzungs- weise 15 m Gegenwind, wodurch die Reisegeschwindigkeit von 28 auf etwa 13 m herabgedrückt und die 700 km lange Strecke 15 Fahrtstunden beanspruchen würde. Fliegt man hingegen im großen Bogen fast über Haparanda, so kann man durchschnittlich auf 10 m Mitwind rechnen, so daß die Geschwindigkeit auf 38 m pro Sek. oder 137 km pro Std. anstiege und das Ziel trotz des doppelten Weges schon in 10 Stunden erreicht würde. Es folgt daraus die Regel: Statt direkt gegen den Wind zu fliegen, fliegt man oft gegen den Uhrzeiger um kleine Depressionen herum, und zwar so nahe am Zentrum vorbei, als es die Bewölkung und die Niederschläge zulassen.

b) Wetterkarte vom 19. Mai 1911. Die Karte zeigt einen typischen Kälterückfall, dessen Auftreten im Frühling nicht nur der Landwirtschaft in hohem Maße verderblich werden kann, sondern auch für die Ausübung des Luftsports eine starke Behinderung bildet.

Ein Tiefdruckgebiet liegt über Ungarn; es steht im Zusammen- hange mit zwei Teiltiefs, die sich vormittags regelmäßig über dem Tyrrhenischen und Adriatischen Meere bilden. Ein Hochdruck- gebiet bedeckt die Westküste Europas und zieht sich hinauf bis zum Nordmeere. Nach dem Windgesetz muß in den zwischen dem Hochdruck- und Tiefdruckgebiet liegenden Gegenden in diesem Falle eine nördliche Luftströmung erzeugt werden, welche, wenn sie andauert, kalte Luft nach dem von der Frühlingssonne er- wärmten Kontinent führt. Da diese Wetterlage gewöhnlich einige Zeit anhält, kann die nördliche Luftströmung die Temperatur an exponierten Stellen unter den Gefrierpunkt sinken lassen. Das Wetter in Deutschland ist bei dieser Lage des Tiefdruckgebietes also kühl und trüb.

Bemerkenswert ist bei dieser Wetterlage das häufige Ent- stehen von Böen mit Hagel- und Graupelschauern (Aprilwetter); sie reichen allerdings gewöhnlich nicht bis zu großen Höhen. Da bei dieser Wetterlage gewöhnlich Stabilitätsschichten in geringeren

Höhen fehlen, ist die Luft verhältnismäßig unruhig und zur Ausübung des Luftsports ungünstig.

Im April, Mai und Juni muß man immer darauf achten, ob
nicht irgendein Tiefdruckgebiet Neigung hat, sich nach Osteuropa,

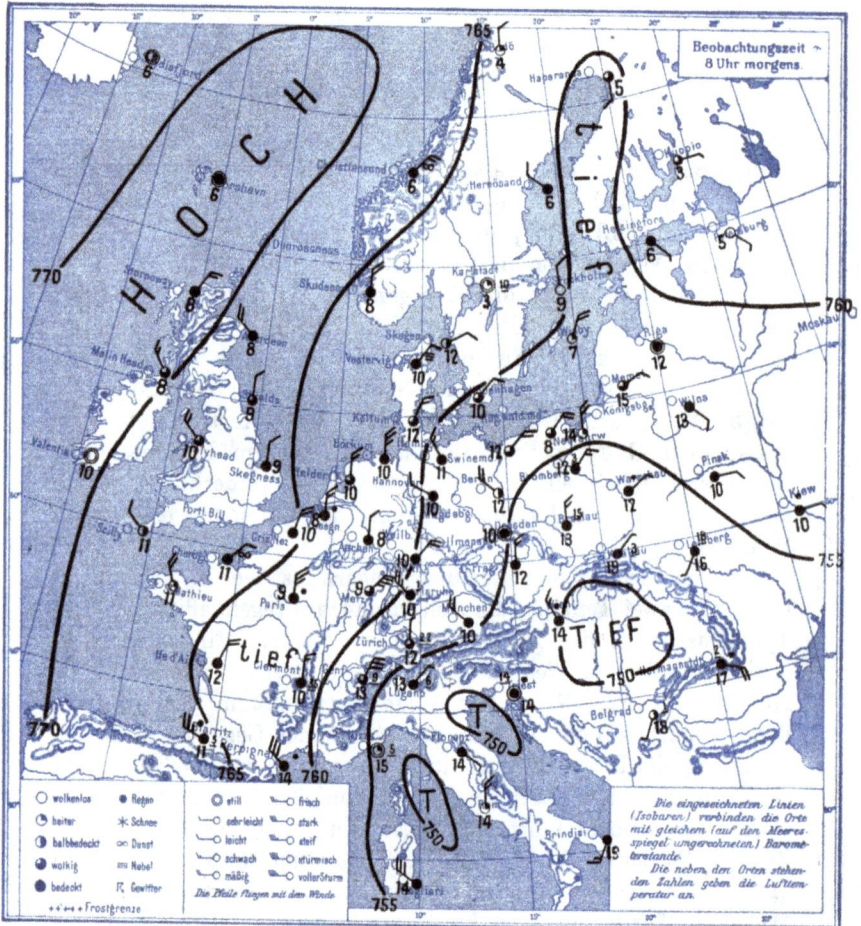

Wetterkarte b Kälterückfall.

besonders Ungarn, zu verlagern. Geschieht dieses und herrschen
in der genannten Gegend besonders hohe Temperaturen, so ist
ein Kälterückfall mit Sicherheit vorauszusehen.

Man beachte auch hier, wie ein etwa beabsichtigter Flug von Belgrad nach Wien auf dem direkten Wege bei Gegenwind, über Hermannstadt und Lemberg hingegen mit dem Winde erfolgen würde.

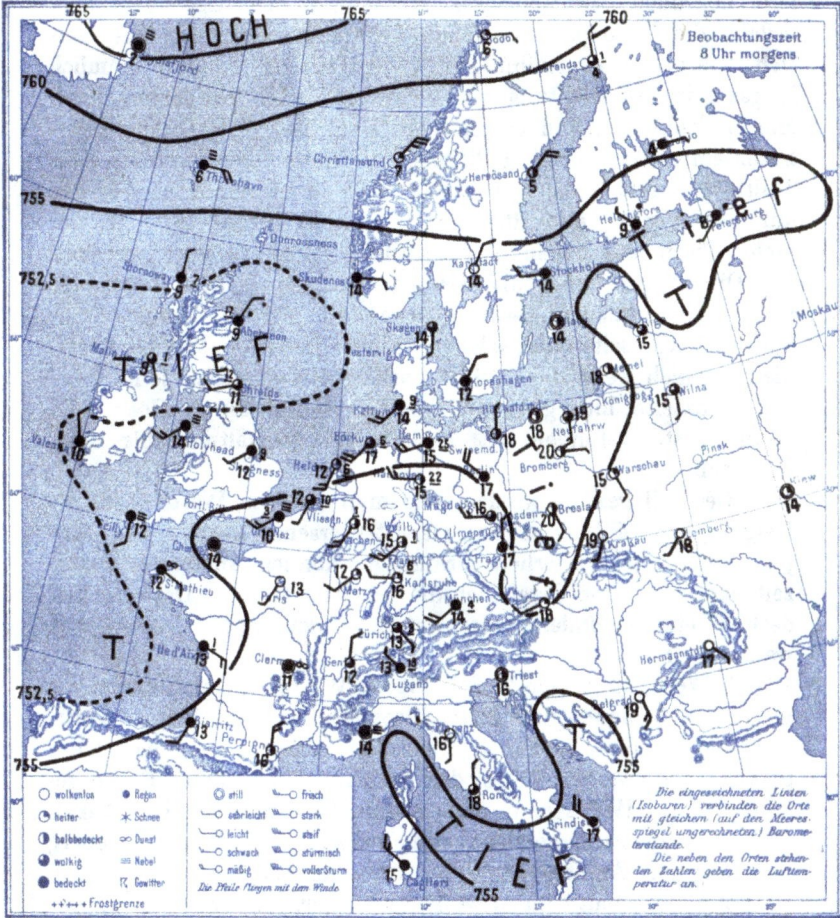

Wetterkarte c. Gewitterlage.

c) **Wetterkarte vom 15. Mai 1911.** Die Karte vom 15. Mai zeigt eine Gewitterlage: Schwache Luftdruckverteilung in Mitteleuropa, wo der Luftdruck nur zwischen 752 und 757 mm schwankt; starke Ausbuchtungen der Isobaren, welche einen typischen »Gewittersack« über Westpreußen, Posen und Schlesien und einen anderen über dem Finnischen Meerbusen bilden; hohe Temperaturen in den Gegenden östlich des über Ostdeutschland liegenden Gewittersackes, während in den Gegenden, über welche die Teildepression schon vorübergegangen ist, die Luft sich wesentlich abgekühlt hat. Die Teiltiefs wandern nämlich langsam in der Richtung von Südwesten nach Nordosten durch Europa hindurch, und schon sieht man über dem Biskayameerbusen ein neues Teiltief in Bildung begriffen. Überall da, wo diese Teiltiefs — mit ihren Temperatur- und ihren Windunterschieden auf ihrer Vorder- und Rückseite — liegen, werden trotz der gar nicht übermäßig hohen Temperaturen lokale Gewitter erzeugt.

Die Flieger haben alle Ursache sich eine solche Wetterlage mit ausgesprochenen Gewittersäcken zu merken, damit Flüge auf der Vorderseite eines solchen vorüberziehenden Teiltiefs unterbleiben, auch wenn das Wetter noch so gut aussehen sollte. Auf der Rückseite hingegen, wo die Abkühlung durch Böen oder Gewitter stattgefunden hat, ist die Luft verhältnismäßig ruhig und stabil.

Hier soll gezeigt werden, wie man aus der Wetterkarte die Neigung zur Bildung solcher Gewitter ersehen kann. Man wird jedoch nicht mit Sicherheit voraussagen können, um welche Tageszeit und in welchen Orten sich die Gewitter bilden. Das erfordert deshalb eine besondere Organisation, welche später beschrieben werden soll.

d) **Wetterkarte vom 7. Juli 1908.** Wir wollen hier einmal die Gegend in Schlesien und Polen besonders ins Auge fassen. Westlich von diesen Gegenden liegt ein Tiefdruckgebiet mit dem Kern über dem Schwarzen Meere, das noch am Tage vorher Regen gebracht hat. Wir sehen, daß starke Niederschläge in Krakau und Hermannstadt gefallen sind; schwache in Pinsk, Lemberg und Belgrad. An den genannten Orten herrscht auch noch überall bei nordwestlichen Winden wolkiges Wetter, sie liegen also im Bereich des abgezogenen Tiefs. Westlich von der betrachteten Gegend hingegen sehen wir ein ausgedehntes Tiefdruckgebiet mit dem Kern über der Nordsee, welches von Westen schnell herangekommen ist und schon bis nach Sachsen hinein seine Wirksamkeit erstreckt. Schon hier sehen wir die durch die Wetterlage bedingten südlichen Winde bei wolkigem Wetter, wenn auch vorläufig noch ohne Niederschläge.

Zwischen diesen beiden Tiefdruckgebieten hat sich nun ein

Wetterkarte d. Hochdruckrücken.

langer schmaler Streifen hohen Druckes gebildet, welcher von Wien über Breslau, Bromberg, Memel bis nach Petersburg und weiter reicht. In diesem ganzen Gebiet herrscht bei schwachen Winden verschiedener Richtung trockenes und wolkenloses Wetter während im Osten bei Nordwinden, im Westen bei Südwinden Bewölkung herrscht. Die Erscheinung ist typisch für Hochdruckrücken. Das Wetter hat auf der Rückseite des abgezogenen östlichen Tiefs bei stark steigendem Barometer schneller aufgeklart, als es in der Regel zu geschehen pflegt. Das sonst übliche böige Rückseitenwetter blieb aus. Aber gerade diese allzu starke Änderung zum Besseren und das allzu starke Steigen des Barometers sind Anzeichen für ein schnell heranziehendes neues Tiefdruckgebiet, das schon nach wenigen Stunden durch ein Umschlagen des Windes nach Süden hin, erneutes Fallen des Barometers und heranziehende Federwolken in Erscheinung tritt. In diesem Falle ließ sich der Umschlag mit Hilfe der Wetterkarte sicher voraussagen.

Bei der Gelegenheit soll noch einmal daran erinnert werden, daß im Zentrum eines Hochdruckgebietes oft schnelle Windrichtungsänderungen vorkommen. Das gilt ganz besonders beim Hochdruckrücken. Diese verlagern sich oft außerordentlich schnell und rufen beim Übergang über einen Ort binnen kürzester Zeit ein Umspringen des Windes in die entgegengesetzte Richtung hervor.

Auch in verschiedenen Höhen herrschen im Hochdruckrücken oft große Windverschiedenheiten. Bisweilen kann man schon in wenigen hundert Metern entgegengesetzten Wind antreffen.

e) **Wetterkarte vom 14 Juni 1910.** Die Karte zeigt den entgegengesetzten Fall: Zwei Hochdruckgebiete, eines im Nordosten, eines im Südwesten von Europa, und zwischen ihnen eine Rinne tiefen Luftdruckes, welche sich vom Polarmeere mitten durch Deutschland hindurch nach dem Mittelmeere erstreckt. Betrachten wir einmal die Windströmungen im Osten und im Westen, so finden wir, daß im Bereich des östlichen Hochdruckgebietes die der Luftdruckverteilung entsprechenden Südostwinde wehen, und zwar auf der ganzen Strecke vom Balkan durch Ostdeutschland bis nach Norwegen hinauf. Die gleichmäßigen, südöstlichen Windrichtungen lassen erkennen, daß es sich um eine ausgesprochen einheitliche Luftströmung handelt. Die Temperatur dieser Luftströmung ist bemerkenswert hoch, im Durchschnitt etwa 22⁰.

Im Bereich des südwestlichen Hochdruckgebietes wehen, entsprechend der Luftdruckverteilung, nordwestliche Winde, und zwar auffallend gleichmäßig auf der ganzen Strecke zwischen Schottland und Südfrankreich bis nach Süddeutschland hinein. Aber hier sind die Temperaturen infolge des nördlichen Ursprunges der Luft auffallend tief, im Durchschnitt etwa 12⁰.

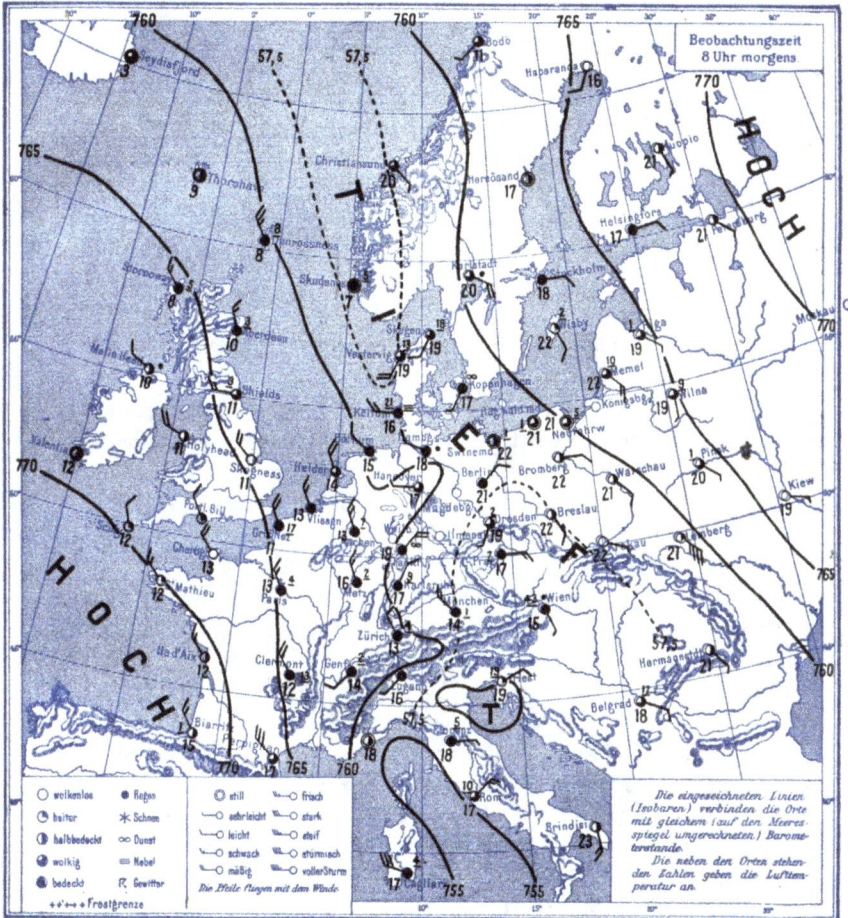

Wetterkarte e. Tiefdruckfurche.

Diese beiden Luftströmungen, welche genau entgegengesetzte Zugrichtung haben und deren Temperatur um 10⁰ differiert, treffen sich in einem schmalen Streifen, welcher mit der vorher bezeichneten Tiefdruckrinne zusammenfällt. An dieser Reibungsfläche der beiden Windströmungen, welche offenbar gleiche Energie haben und sich gegenseitig nicht verdrängen können, muß nun der Gegensatz von Temperatur und Richtung Wetterkatastrophen zur Folge haben. Die warme feuchte Luft wird zu schnellem Aufsteigen gezwungen, wobei das Wasser in großen Mengen kondensiert und in Form von Wolkenbrüchen herunterfällt. Solche Wolkenbrüche, welche Überschwemmungen zur Folge hatten, sind an diesem Tage auch in der ganzen Linie beobachtet worden, im Ahrtal sowohl wie in Tirol, Steiermark und auf dem Balkan. Wir ziehen daraus den Schluß, daß bei Bildung solcher Tiefdruckfurchen atmosphärische Störungen aller Art zu erwarten sind. Luftfahrten sollten in ihrer Nähe unterbleiben.

5. Der Luftfahrer-Nachrichtendienst.

Auf Anregung des früheren Direktors des Kgl. Preußischen Aeronautischen Observatoriums, Geh. Oberregierungsrat Professor Dr. Aßmann, ist seit dem Jahre 1911 ein besonderer Luftfahrerwetterdienst eingerichtet worden, nachdem einige Wetterdienststellen, besonders die von Aachen und Frankfurt a. M., in kleinerer Ausdehnung schon in dieser Richtung seit Jahren tätig gewesen waren. Der Luftfahrerwetterdienst ist angelehnt an den norddeutschen »Öffentlichen Wetterdienst«, zu dessen Ausübung Norddeutschland in eine Reihe von Bezirken eingeteilt ist; nämlich die Wetterdienststellen Aachen, Berlin, Breslau, Bromberg, Frankfurt a. M., Hamburg, Ilmenau, Königsberg, Magdeburg und Weilburg a. L. Als Zentralen des Luftfahrerwetterdienstes ist für Mittel- und Ostdeutschland das Kgl. Preußische Aeronautische Observatorium Lindenberg (Kreis Beeskow), für West- und Süddeutschland die Wetterdienststelle Frankfurt a. M. eingesetzt.

Die Tätigkeit des Luftfahrer-Nachrichtendienstes besteht aus dreierlei verschiedenen Maßnahmen:

1. Die wichtigste ist eine täglich dreimalige Prognose, die auf Grund der drei Wettertelegramme zwischen 10 und 11 vormittags, gegen 5 Uhr nachmittags und gegen 10 Uhr abends aufgestellt wird. Die Luftfahrerprognose bezieht sich gewöhnlich nur auf die nächsten Stunden und kann deshalb als ziemlich

sicher betrachtet werden. Die Abendprognose ist von besonderer Wichtigkeit für die frühen Morgenstunden des folgenden Tages.

2. Die Erforschung der meteorologischen Verhältnisse der höheren Luftschichten durch Drachen- und Ballon- aufstieg und Verbreitung der Ergebnisse dieser Aufstiege durch Sammeltelegramme ist ein weiterer wichtiger Bestandteil des Luftfahrer-Nachrichtendienstes. Die einzelnen Wetterdienststellen und die aerologischen Stationen senden die Ergebnisse telegraphisch an die beiden Zentralen Lindenberg und Frankfurt a. M. ein. Von dort werden Sammeltelegramme vormittags 9½ Uhr (im Winter etwas später) an die übrigen Dienststellen weitergegeben. Diese Sammeltelegramme enthalten vorläufig nur die Nachrichten über die Windverhältnisse in chiffrierter Form. Es wird jedoch ange- strebt, daß auch Beobachtungen über Temperatur und Feuchtigkeit dazu kommen sollen.

3. Der Gewitterwarnungsdienst hat zur Grundlage die telegraphische Meldung jedes auftretenden Gewitters durch 600 Telegraphenstationen, die mit Morseapparaten ausgerüstet sind. Von diesen Stationen melden die westlichen nach Frankfurt, die östlichen nach Lindenberg. Einige nordwestliche Stationen melden gleichzeitig noch nach Aachen. An den beiden Zentralen Linden- berg und Frankfurt werden die Meldungen in Karten eingetragen, so daß man den Verlauf von Gewittern schnell übersehen kann. Danach werden die bedrohten Bezirke sowie die Luftschiffhäfen und Flugplätze, welche entsprechende Anträge bei den Zentralen gestellt haben, von den bevorstehenden Gewittern benachrichtigt.

Die Benutzung dieses Luftfahrer-Nachrichtendienstes ist für alle Luftfahrer kostenlos, nur die Telegramm- und Portogebühren sowie die Auslagen für etwa gewünschte Pilotballonaufstiege (M. 5) sind zurückzuerstatten. An den beiden Zentralen ist an- dauernd Dienstbereitschaft, auch Sonntags und nachts, so daß man jederzeit Auskünfte bekommen kann. Die Fernsprechnummer der Zentrale Lindenberg ist Beeskow Nr. 40, der Zentrale Frank- furt a. M. Fernzimmer 22.

Es ist zu wünschen, daß die Flieger möglichst umfangreichen Gebrauch von dieser Einrichtung machen. Sie werden sicherlich — insbesondere bei größeren Überlandflügen — Vorteil davon haben, indem sie vor atmosphärischen Überraschungen mehr als bisher bewahrt bleiben.

Und ereignet sich dann doch einmal infolge atmosphärischer Störung ein Zwischenfall, so hat man wenigstens die Genugtuung, alles getan zu haben, was nach menschlichem Ermessen und dem heutigen Stand der Wissenschaft für die Sicherung des Fluges von Nutzen sein konnte.

Tabelle I.
Luftdruck in verschiedenen Höhen.

| Höhe | Bei einer mittleren Lufttemperatur von | | | | |
| | — 10° C | — 5° C | 0° C | + 5° C | + 10° C |
m	mm	mm	mm	mm	mm
0	762	762	762	762	762
200	743	743	743	744	744
400	723	724	725	726	726
600	705	706	707	708	709
800	687	688	690	691	692
1000	670	671	673	674	676
1200	652	654	656	658	660
1400	636	638	640	642	644
1600	619	622	624	626	629
1800	603	606	609	611	614
2000	588	591	594	596	599
2200	573	576	579	582	585
2400	559	562	565	568	571
2600	544	548	551	554	557
2800	530	534	537	541	544
3000	517	521	524	528	531
3200	504	508	511	515	519
3400	491	495	499	503	506
3600	478	482	486	490	494
3800	466	470	474	479	483
4000	454	459	463	467	471
4200	443	447	451	456	460
4400	431	436	440	445	449
4600	420	425	429	434	438
4800	410	414	419	423	428
5000	399	404	409	413	418

Anmerkung: Will man wissen, welcher Luftdruck zu irgendeiner Zeit in 4000 m Meereshöhe herrscht, so erkundigt man sich zunächst nach Luftdruck, Temperatur und Meereshöhe des betreffenden Ortes. Ist z. B. der Luftdruck 755, die Temperatur + 15° und die Meereshöhe 110 m, so würde der Luftdruck im Meeresniveau 110 : 11 = 10 + 755 =765 mm betragen (s. S. 1, unten). Die Mitteltemperatur zwischen 0 und 4000 m berechnet man, indem man annimmt, daß für jedes Tausend Meter die Temperatur um 6° abnimmt, bis 4000 m also um 24°; in 4000 m würden also —9° herrschen. Das Mittel zwischen —9 und + 15 berechnet sich zu + 3°. Dann ergibt sich nach der Tabelle durch Interpolation für 4000 m der Luftdruck 465 mm. Da aber in der Tabelle der Luftdruck in Meereshöhe um 3 mm zu niedrig angenommen ist, 762 statt 765, muß man die 3 mm noch hinzuzählen, gibt 468 mm.

6**

Tabelle II.
Umwandlungen der Bezeichnungen für Geschwindigkeiten.
a) Internationale Längenmaße.

km p. St.	m p. Min.	m p. Sek.	km p. St.	m p. Min.	m p. Sek.	km p. St.	m p. Min.	m p. Sek.	km p. St.	m p. Min.	m p. Sek.
0	0	0,0	25	417	6,9	50	833	13,9	75	1250	20,8
1	17	0,3	26	433	7,2	51	850	14,2	76	1267	21,1
2	33	0,6	27	450	7,5	52	867	14,4	77	1283	21,4
3	50	0,8	28	467	7,8	53	883	14,7	78	1300	21,7
4	67	1,1	29	483	8,0	54	900	15,0	79	1317	22,0
5	83	1,4	30	500	8,3	55	917	15,3	80	1333	22,2
6	100	1,7	31	517	8,6	56	933	15,6	81	1350	22,5
7	117	2,0	32	533	8,8	57	950	15,8	82	1367	22,8
8	133	2,2	33	550	9,1	58	967	16,1	83	1383	23,0
9	150	2,5	34	567	9,4	59	983	16,4	84	1400	23,3
10	167	2,8	35	583	9,7	60	1000	16,6	85	1417	23,6
11	183	3,0	36	600	10,0	61	1017	16,9	86	1433	23,9
12	200	3,3	37	617	10,3	62	1033	17,2	87	1450	24,2
13	217	3,6	38	633	10,6	63	1050	17,5	88	1467	24,4
14	233	3,9	39	650	10,8	64	1067	17,8	89	1483	24,7
15	250	4,2	40	667	11,1	65	1083	18,0	90	1500	25,0
16	267	4,4	41	683	11,4	66	1100	18,3	91	1517	25,3
17	283	4,7	42	700	11,7	67	1117	18,6	92	1533	25,6
18	300	5,0	43	717	12,0	68	1133	18,8	93	1550	25,8
19	317	5,3	44	733	12,2	69	1150	19,1	94	1567	26,1
20	333	5,6	45	750	12,5	70	1167	19,4	95	1583	26,4
21	350	5,8	46	767	12,8	71	1183	19,7	96	1600	26,6
22	367	6,1	47	783	13,0	72	1200	20,0	97	1617	26,9
23	383	6,4	48	800	13,3	73	1217	20,3	98	1633	27,2
24	400	6,6	49	817	13,6	74	1233	20,6	99	1650	27,5
25	417	6,9	50	833	13,9	75	1250	20,8	100	1667	27,8

b) Englische Meilen (= 1,609 km).

Eng. Meile p. St.	km p. St.	m p. Sek.	Eng. Meile p. St.	km p. St.	m p. Sek.	Eng. Meile p. St.	km p. St.	m p. Sek.	Eng. Meile p. St.	km p. St.	m p. Sek.
1	1,6	0,4	13	20,9	5,8	25	40,2	11,2	38	61,2	17,0
2	3,2	0,9	14	22,5	6,3	26	41,9	11,6	39	62,8	17,5
3	4,8	1,3	15	24,1	6,7	27	43,5	12,1	40	64,4	17,9
4	6,4	1,8				28	45,1	12,5			
			16	25,8	7,2				41	66,0	18,3
5	8,1	2,3	17	27,4	7,6	29	46,7	13,0	42	67,6	18,8
						30	48,3	13,5	43	69,2	19,2
6	9,7	2,7	18	29,0	8,1						
7	11,3	3,1	19	30,6	8,5	31	49,9	13,9	44	70,8	19,7
8	12,9	3,6	20	32,2	9,0	32	51,5	14,3	45	72,4	20,1
9	14,5	4,0				33	53,1	14,8			
			21	33,8	9,4				46	74,0	20,6
10	16,1	4,5	22	35,4	9,8	34	54,7	15,2	47	75,6	21,0
						35	56,3	15,7	48	77,2	21,5
11	17,7	4,9	23	37,0	10,3						
12	19,3	5,4	24	38,6	10,7	36	57,9	16,1	49	78,9	21,9
13	20,9	5,8	25	40,2	11,2	37	59,5	16,5	50	80,5	22,4

Tabelle III.
Cotangenten-Tabelle 0 bis 90⁰.
(Zur Berechnung von Pilotballonvisierungen.)

Winkel	cot.	Winkel	cot.	Winkel	cot.	Winkel	cot.	Winkel	cot.	Winkel	cot.
0	—	8,0	7,12	15,0	3,73	35,0	1,43	52,5	0,77	72,5	0,32
0,2	286,5	8,2	6,94	15,5	3,61	35,5	1,40	53,0	0,75	73,0	0,31
0,4	143,2	8,4	6,77	16,0	3,49	36,0	1,38	53,5	0,74	73,5	0,30
0,6	95,5	8,6	6,61	16,5	3,38	36,5	1,35	54,0	0,73	74,0	0,29
0,8	71,6	8,8	6,46	17,0	3,27	37,0	1,33	54,5	0,71	74,5	0,28
1,0	57,29	9,0	6,31	17,5	3,17	37,5	1,30	55,0	0,70	75,0	0,27
1,2	47,7	9,2	6,17	18,0	3,08	38,0	1,28	55,5	0,69	75,5	0,26
1,4	40,9	9,4	6,04	18,5	2,99	38,5	1,26	56,0	0,68	76,0	0,25
1,6	35,8	9,6	5,91	19,0	2,90	39,0	1,24	56,5	0,66	76,5	0,24
1,8	31,9	9,8	5,79	19,5	2,82	39,5	1,21	57,0	0,65	77,0	0,23
2,0	28,64	10,0	5,67	20,0	2,75	40,0	1,19	57,5	0,64	77,5	0,22
2,2	26,0	10,2	5,56	20,5	2,68	40,5	1,17	58,0	0,62	78,0	0,21
2,4	23,9	10,4	5,45	21,0	2,60	41,0	1,15	58,5	0,61	78,5	0,20
2,6	22,0	10,6	5,34	21,5	2,54	41,5	1,13	59,0	0,60	79,0	0,19
2,8	20,5	10,8	5,24	22,0	2,48	42,0	1,11	59,5	0,59	79,5	0,19
3,0	19,08	11,0	5,15	22,5	2,41	42,5	1,09	60,0	0,58	80,0	0,18
3,2	17,9	11,2	5,05	23,0	2,36	43,0	1,07	60,5	0,57	80,5	0,17
3,4	16,8	11,4	5,96	23,5	2,30	43,5	1,05	61,0	0,55	81,0	0,16
3,6	15,9	11,6	4,87	24,0	2,25	44,0	1,04	61,5	0,54	81,5	0,15
3,8	15,0	11,8	4,79	24,5	2,19	44,5	1,02	62,0	0,53	82,0	0,14
4,0	14,30	12,0	4,71	25,0	2,14	45,0	1,00	62,5	0,52	82,5	0,13
4,2	13,6	12,2	4,62	25,5	2,10	45,5	0,98	63,0	0,51	83,0	0,12
4,4	13,0	12,4	4,55	26,0	2,05	46,0	0,97	63,5	0,50	83,5	0,11
4,6	12,4	12,6	4,47	26,5	2,01	46,5	0,95	64,0	0,49	84,0	0,11
4,8	11,9	12,8	4,40	27,0	1,96	47,0	0,93	64,5	0,48	84,5	0,10
5,0	11,43	13,0	4,33	27,5	1,92	47,5	0,92	65,0	0,47	85,0	0,09
5,2	11,0	13,2	4,26	28,0	1,88	48,0	0,90	65,5	0,46	85,5	0,08
5,4	10,6	13,4	4,20	28,5	1,84	48,5	0,89	66,0	0,45	86,0	0,07
5,6	10,2	13,6	4,13	29,0	1,80	49,0	0,87	66,5	0,43	86,5	0,06
5,8	9,98	13,8	4,07	29,5	1,77	49,5	0,85	67,0	0,42	87,0	0,05
6,0	9,51	14,0	4,01	30,0	1,73	50,0	0,84	67,5	0,41	87,5	0,04
6,2	9,21	14,2	3,95	30,5	1,70	50,5	0,82	68,0	0,40	88,0	0,03
6,4	8,92	14,4	3,90	31,0	1,66	51,0	0,81	68,5	0,39	88,5	0,03
6,6	8,64	14,6	3,84	31,5	1,63	51,5	0,80	69,0	0,38	89,0	0,02
6,8	8,39	14,8	3,79	32,0	1,60	52,0	0,78	69,5	0,37	89,5	0,01
7,0	8,14			32,5	1,57			70,0	0,36	90,0	0,00
7,2	7,92			33,0	1,54			70,5	0,35		
7,4	7,70			33,5	1,51			71;0	0,34		
7,6	7,50			34,0	1,48			71,5	0,33		
7,8	7,30			34,5	1,46			72,0	0,32		

Tabelle IV.

Berechnung der Geschwindigkeit eines Flugzeugs aus dem Druck einer Stauröhre (s. Seite 13).

Formel: $v = \sqrt{2g \cdot h \cdot \dfrac{1}{L}}$, wo v die Geschwindigkeit in m pro Sek., g die Schwerkonstante 9,81, h der am Manometer abgelesene Druck in mm Quecksilber und L das Gewicht eines cbm Luft in kg ist.

Gebrauchsanweisung. Man berechnet aus der ungefähren Luft-temperatur und dem Luftdruck zuerst nach Tabelle a) L und danach mittels L und h die gesuchte Flugzeuggeschwindigkeit v nach Tabelle b).

a) L = Gewicht eines cbm Luft in kg.

Angenäherte Höhe in m	Luftdruck in mm	t = Lufttemperatur in Grad Celsius						
		— 30	— 20	— 10	0	+ 10	+ 20	+ 30
120	$p = 750$	1,42	1,39	1,34	1,29	1,24	1,20	1,15
680	700	1,31	1,28	1,23	1,19	1,14	1,11	1,06
1130	650	1,21	1,19	1,14	1,10	1,06	1,03	0,98
1920	600	1,12	1,10	1,06	1,02	0,98	0,95	0,91
2610	550	1,03	1,01	0,97	0,94	0,90	0,87	0,83
3290	500	0,94	0,92	0,88	0,85	0,82	0,79	0,76
4210	450	0,84	0,82	0,79	0,77	0,74	0,71	0,68
5180	400	0,75	0,73	0,71	0,68	0,66	0,63	0,61

b) Flugzeuggeschwindigkeit v in m pro Sek.

mm	L = Gewicht eines cbm Luft in kg								
	0,60	0,70	0,80	0,90	1,00	1,10	1,20	1,30	1,40
h = 0	0,0	0,0	0,0	0,0	0,0	0,0	0,0	0,0	0,0
10	18,1	16,7	15,6	14,7	14,0	13,3	12,8	12,3	11,8
20	25,6	23,7	22,2	20,9	19,8	18,9	18,1	17,4	16,7
30	31,4	29,0	27,1	25,4	24,2	23,1	22,1	21,2	20,5
40	36,2	33,5	31,3	29,5	28,0	26,7	25,6	24,6	23,7
50	40,4	37,4	35,0	33,0	31,3	29,8	28,6	27,5	26,4
60	44,3	41,0	38,3	36,2	34,3	32,8	31,4	30,0	29,0
70	47,8	44,3	42,1	39,0	37,0	35,3	33,8	32,5	31,4
80	51,1	47,3	44,3	41,7	39,6	37,8	36,2	34,8	33,4
90	54,2	50,2	47,0	44,3	42,0	40,1	38,3	36,8	35,5
100	57,2	53,0	49,5	46,7	44,3	42,2	40,4	38,8	37,5
110	60,0	55,5	51,8	48,8	46,5	44,3	42,4	40,7	39,3
120	62,6	58,0	54,1	51,0	48,5	46,2	44,3	42,5	41,0

(linke Randbeschriftung: h = Manometerdruck in mm Quecksilber)

Beispiel: In 2000 m Höhe (angenäherter Luftdruck $p = 600$) und bei etwa + 10° Temperatur wurden am Manometer 80 mm Druck ab-gelesen. Tabelle a) ergibt für $p = 600$ und $t = + 10$, $L = 0,98$, also rund 1,00. Tabelle b) gibt dann für $L = 1,00$ und $h = 80$ die Geschwindigkeit v zu 39,6 oder rund 40 m pro Sek.

R. OLDENBOURG VERLAG, MÜNCHEN-BERLIN

Luftfahrzeugbau und -Führung

Hand- und Lehrbücher des Gesamtgebietes in selbständigen Bänden

Unter Mitwirkung hervorragender Fachgelehrter herausgegeben von

Georg Paul Neumann, Hauptmann a. D.

I. und II. Band:

Aeronautische Meteorologie. Von Dr. Franz Linke. Teil I geb. M. 3.—. Teil II geb. M. 3.50.

III. Band:

Chemie der Gase. Allgemeine Darstellung der Eigenschaften und Herstellungsarten der für die Luftschiffahrt wichtigen Gase. Von Dr. Friedrich Brähmer. Geb. M. 4.—.

IV. und V. Band:

Der Maschinenflug. Seine bisherige Entwicklung und seine Aussichten. Von Joseph Hofmann (Doppelband). In Leinwand geb. M. 6.—.

VI. Band:

Luftschrauben. Leitfaden für den Bau und die Behandlung von Propellern. Von Paul Béjeuhr. In Leinwand geb. M. 4.—.

VII., VIII. und IX. Band:

Bau und Betrieb von Prall-Luftschiffen. Von R. Basenach. Teil I geb. M. 3.—. Teil II geb. M. 3.—. Teil III (in Vorbereitung).

X., XI. und XII. Band:

Mechanische Grundlagen des Flugzeugbaues. Von A. Baumann. Teil I in Leinw. geb. M. 4.—. Teil II geb. M. 4.—. Teil III (in Vorbereitung).

XIII. Band:

Leitfaden der drahtlosen Telegraphie für die Luftfahrt. Von Max Dieckmann. In Leinwand geb. M. 8.—.

XIV. Band:

Die Wasserdrachen. Ein Beitrag zur baulichen Entwicklung der Flugmaschine. Von Joseph Hofmann. In Leinwand geb. M. 4.—.

XV. Band:

Anlage und Betrieb von Luftschiffhäfen. Von Dipl.-Ing. Christians. In Leinwand geb. M. 4.50.

XVI. Band:

Die angewandte Chemie in der Luftfahrt. Von Dr. Geza Austerweil. In Leinwand geb. M. 6.—.

In Vorbereitung befindet sich:

Aeronautische Astronomie. I. Teil: Grundlagen der astronomischen Ortsbestimmung im Luftfahrzeug. Von Prof. Dr. Adolf Marcuse.

R. OLDENBOURG VERLAG, MÜNCHEN-BERLIN

Zeitschrift für
Flugtechnik u. Motorluftschiffahrt

Organ der Wissenschaftlichen
Gesellschaft für Flugtechnik

Herausgeber und Schriftleiter:

Ing. **Ansbert Vorreiter**, Berlin

Leiter des wissenschaftlichen Teiles:

Dr. L. Prandtl
Professor an der Universität
Göttingen

Dipl.-Ing. F. Bendemann
Professor, Direktor der Versuchsanstalt
für Luftfahrt, Berlin-Adlershof

Jährlich 24 Hefte mit zahlreichen Abbildungen und Tafeln
Preis für den Jahrgang M. 12.—; pro Halbjahr M. 6.—

Die Zeitschrift für Flugtechnik und Motorluftschiffahrt ist eine Sammelstelle für alle wissenschaftlichen und technischen Fragen des Luftfahrzeugbaues; als solche enthält sie aus der Feder von Fachleuten ersten Ranges Abhandlungen und Berichte über die Konstruktion der Luftfahrzeuge und ihrer Teile, namentlich der Motoren; ferner über die Erfahrungen im Betrieb der Luftfahrzeuge und ihre Leistungen. Einen ihrer Bedeutung angemessenen Platz nehmen vor allem aber die Theorie und die wissenschaftlichen Versuche ein. Endlich erfährt auch die sportliche Seite des Gebietes die ihr zukommende Würdigung.